Kürsteiner
100 Tipps & Tricks für Reden, Vorträge und Präsentationen

Peter Kürsteiner

100 Tipps & Tricks für Reden, Vorträge und Präsentationen

BELTZ

Über den Autor:

Peter Kürsteiner, Jg. 1968, Dipl.-Ing., ist seit 1991 Seminarleiter und hat in Hunderten von Seminaren über 10.000 Teilnehmern geholfen, ihre Kompetenz zu steigern. Bekannt wurde er auch als Autor mehrerer Fachbücher im Bereich Kommunikation und Präsentation. Zudem hält er selbst regelmäßig Vorträge.

Hinweise zu den Checklisten als Download

Sie können alle im Buch erwähnten Checklisten von unserer Internetseite (http://www.beltz.de) ausdrucken. Sie kommen zu den Checklisten, indem Sie auf die Seite des Titels gehen, den Link zu den Materialien anklicken und dann folgendes Passwort eingeben: 36473. Dann können Sie die gewünschten Checklisten öffnen und die PDF-Dateien über die Druckfunktion des Browsers ausdrucken. Wenn Sie die Seite schließen, kommen Sie zurück zur Inhaltsübersicht.

Lektorat: Ingeborg Sachsenmeier

© 2010 Beltz Verlag · Weinheim und Basel
www.beltz.de
Satz: Beltz Verlag, Weinheim
Druck: Beltz Druckpartner, Hemsbach
Umschlaggestaltung: glas ag, Seeheim-Jugenheim
Umschlagabbildung: Péter Gudella, Shutterstock Images
Printed in Germany

ISBN 978-3-407-36473-9

Inhaltsverzeichnis

Einleitung

Seitdem ich mein erstes Buch zum Thema »Rhetorik« geschrieben habe, hat sich viel im Bereich der Reden, Vorträge und Präsentationen getan. Erfolgreiche Redner lesen immer seltener vom Manuskript ab, sondern tragen immer öfter ganz frei vor, Vorträge werden häufiger mit modernen Medien unterstützt und Präsentationen werden zunehmend aufwendiger.

Durch PowerPoint hat sich die Menge der Präsentationen und vor allem auch die Anzahl der Personen, die Folien erstellen und präsentieren, vervielfacht. Und natürlich kennt jeder auch die Nebenwirkungen: Unzählige langweilige Textfolien mit unklaren Aussagen, lange Sätze auf Folien, zur Wandzeitung mutierte Texte und überforderte Präsentatoren sind leider beinahe täglich zu beobachten.

Eigentlich erstaunlich, wenn man bedenkt, welche Wirkung sich durch die Beachtung von einigen Grundregeln und etwas Übung erzielen lassen. Umso erfreulicher sind dann die Ergebnisse nach etwas Training.

In diesem Buch habe ich die Bereiche »Reden«, »Vorträge« und »Präsentationen« gemeinsam berücksichtigt. Die Hauptgründe dafür sind, dass bei Präsentationen häufig rhetorische Mängel zum Vorschein kommen und dass Vorträge in vielen Fällen durch Medien ergänzt werden. Somit wachsen die beiden Bereiche mehr und mehr zusammen.

Die Kunst der Rede stellt allerdings immer noch die Basis dar. Darauf bauen Vortragstechniken und der Einsatz von Präsentationsmedien auf. Nur wenn man diese zusammen betrachtet und alle Möglichkeiten zur optimalen Zielerreichung berücksichtigt, lässt sich eine professionelle Darbietung erzielen. Die Tipps sind aufgeteilt in die Bereiche »für Einsteiger«, »für Fortgeschrittene«, »für Profis« und bis auf den Bereich »Folienerstellung« fast alle universell einsetzbar.

Die meisten Tipps für »Einsteiger« sind aber nach meiner Erfahrung gleichermaßen für Fortgeschrittene und teilweise auch für Profis noch von Bedeutung. Allein die Tatsache, dass jemand schon zehn Jahre lang Auto fährt, bedeutet ja auch nicht zwingend, dass er im hektischen Stadtverkehr immer gut klarkommt.

Auch wenn ich schon etlichen Menschen in den Bereichen Rhetorik und Präsentation geholfen habe, sind es »nur« Tipps, und der wichtigste Tipp ist meiner Meinung nach:

Tipp für Einsteiger:

Tragen Sie stets auf die Art vor, mit der Sie sich wirklich wohlfühlen!

Planung

Der erste Schritt bei Reden, Vorträgen und Präsentationen ist die Beschäftigung mit den Planungs-schritten. Viele machen den Fehler, dass sie sich direkt auf die Inhalte konzentrieren, ohne sich mit der Planung beschäftigt zu haben.

Erste Überlegungen

Bevor Sie sich mit den Inhalten beschäftigen, sollten Sie sich Klarheit über Ihre Ziele verschaffen. Machen Sie sich von Anfang an klar, was Sie mit der Präsentation erreichen wollen.

Tipp für Einsteiger:

Fixieren Sie Ihre Ziele schriftlich und hängen Sie diese gut sichtbar auf.

Stellen Sie sich insbesondere folgende Fragen

- Wie ist es zur Präsentation gekommen?
- Welche Idee steckt hinter der Präsentation?
- Was findet vor und was nach Ihrer Präsentation statt?
- Wie viel Zeit steht Ihnen für Ihre Präsentation zur Verfügung?

Sie sollten, ausgehend von diesen Erkundungen, Ihre Ziele definieren. Erfahrungsgemäß wirken Zielsetzungen dann besonders aktivierend, wenn sie schriftlich verfasst werden. Dabei darf die Anzahl an Zielen natürlich nicht zu groß werden. Quantität geht auf Kosten der Wirksamkeit. Identifizieren Sie Ihre drei wesentlichsten Ziele für die Präsentation und investieren Sie ruhig etwas Zeit, um diese in Querformat auf ein Blatt Papier hoher Qualität zu schreiben oder zu drucken.

Schließlich sollten Sie Ihre schriftlich fixierten Ziele so aufhängen, dass Sie sie ständig im Blickfeld haben. Falls das aus besonderen Gründen nicht möglich oder mit unerwünschten Konsequenzen verbunden ist, sollten Sie sich Ihre Ziele zumindest oft in Erinnerung rufen. Je öfter Sie sich Ihre Ziele vergegenwärtigen, desto stärker werden diese sich in Ihrem Unterbewusstsein verankern und desto größer wird Ihr innerlicher Impetus sein, die gesetzten Vorhaben zu erreichen.

Tipp für Fortgeschrittene:

Formulieren Sie ein SMARTes Ziel für Ihre Präsentation.

Viele Präsentationen scheitern daran, dass sich der Präsentierende keine klaren Gedanken über Zweck und Ziel seiner Präsentation macht. SMART ist ein Ziel dann, wenn es

S pezifisch,
M essbar,
A ktionsorientiert,
R ealistisch und
T erminierbar ist.

Die Anfangsbuchstaben sind Programm.

Spezifisch. Versuchen Sie das Ziel so exakt wie möglich zu benennen. Definieren Sie einen Zustand, den Sie erreichen wollen. Ein Zustand ist ein konkretes Stadium, das potenziell überprüfbar ist. Vermeiden Sie Tätigkeiten in Ihrer

Zielsetzung zu formulieren. Das Ziel »Ich möchte viele Produkte verkaufen« ist nur die halbe Miete. Das Ziel als Zustand dagegen lautet: »Nach fünf Präsentationen möchte ich mindestens 25 Produkte verkauft haben«. Das ist konkret und kann gut nachgeprüft werden. Die Möglichkeit der Nachprüfung ist daher von äußerster Wichtigkeit, weil Sie zu jedem Zeitpunkt die Zielgerade im Blick haben und exakt wissen, wann Sie das Ziel erreicht haben werden.

Messbar. Ein spezifisches Ziel erlaubt es Ihnen, ständig den Istzustand mit dem Sollzustand zu vergleichen. Ein quantitativer Vergleich, der deutlich präziser ist als ein generischer Vergleich von unterschiedlichen, willkürlich festgelegten Zielerreichungsstufen, wird möglich, wenn Sie messbare Zieldimensionen wählen. Diese können mannigfaltige Formen annehmen. Die akkuratesten Zielgrößen sind diejenigen, mit denen wir ohnehin täglich in Berührung kommen: Zeit in Stunden, Geld in Euro, Entfernungen in Kilometer. Häufig jedoch wollen wir Zustände messen, die sich nicht ohne weiteres an Skalen ablesen lassen. Dann können Sie entweder Proxy-Zielgrößen oder künstliche Zielgrößen wählen:

- *Proxy-Zielgrößen* korrelieren eng mit den von Ihnen bevorzugten, aber nicht messbaren Zielgrößen.
  Beispiel: Ihr Vermittlungsvermögen lässt sich schwer skalar bewerten. Als Proxy-Variable können Sie beispielsweise die Anzahl an Verständnisfragen nutzen, die nach Ihrer Präsentation im Publikum gestellt werden.
- *Künstliche Zielgrößen* sind Variablen, die in der Realität nicht in Erscheinung treten. Sie werden speziell für einen Zweck erzeugt.
  Im genannten Beispiel der Messung des Vermittlungsvermögens könnten Sie beispielsweise einen Indikator »Erklärungskompetenz des Vortragenden« definieren und diesen von Ihren Zuhörern in Ihrer Evaluation bewerten lassen.

Aktionsorientiert. Zielsysteme wirken nur dann aktivierend, wenn Sie die definierten Ziele auch durch Ihre Handlungen, durch Ihre Aktionen erreichen können. Ein von Ihren Handlungen abgekoppeltes Ziel wie beispielsweise »Sonnenschein« wäre somit nicht aktionsorientiert für Sie.

Realistisch. Sie sollten sich unbedingt Ziele setzen, die einen realistischen Schwierigkeitsgrad aufweisen. Gleichzeitig darf das Niveau des zu erreichenden Ziels nicht zu gering sein, weil unser Unterbewusstsein dann vernünftigerweise unseren Antrieb auf das anspruchslose Ziel abstellt und uns weniger motiviert, als wenn wir uns gerade noch zu erlangende, anspruchsvolle Ziele vor Augen halten. Es gilt also, die goldene Mitte zwischen Erreichbarkeit und Schwierigkeitsniveau zu finden, damit das Ziel optimale Zugkraft entfaltet.

Terminierbar. Ein Ziel ist erst dann tauglich, wenn wir einen Zeitrahmen setzen, innerhalb dessen wir das Ziel erreichen wollen. Der Soll-Ist-Vergleich ist zwar auf jedem »Streckenabschnitt« möglich. Doch erst zum terminierten Datum liefert Ihnen der Vergleich die Antwort auf die Frage, ob Sie das angestrebte Ziel tatsächlich verwirklichen konnten. Neben dieser ganz elementaren Funktion ist das Terminierbarkeits-Charakteristikum wichtig für die Antriebskraft, die von Ihrem Unterbewusstsein ausgeht: Wenn Sie offen lassen, bis wann Sie ein Ziel zu erreichen versuchen, werden Sie sich nie unwohl dabei fühlen, die ersten Schritte zur Förderung dieses Ziels aufzuschieben. Dringlichkeit erlangt ein Ziel, indem Sie es mit einer Deadline ausstaffieren.

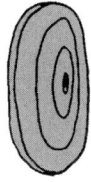 

Tipp für Einsteiger:

Berücksichtigen Sie unbedingt die Erwartungen und Wünsche Ihrer Zielgruppe.

Es ist erstaunlich, wie viele Personen in eine Präsentation gehen, ohne genau zu wissen, was *sie* erwartet und was *von ihnen* erwartet wird. So kommt es immer wieder vor, dass die Zuhörergruppe, mit der der Vortragende rechnet, deutlich größer ist als geplant oder dass bereits nach fünf Minuten die Anmerkung aus dem Publikum kommt, dass das Gesagte bereits längst bekannt ist. Das sind unnötig stressige und manchmal durchaus peinliche Momente. Die wichtigsten Fragen, die Sie sich stellen sollten, sind folgende:

Grundsätzliches

- Wer sind die Zuhörer?
- Welche Position beziehungsweise Rolle haben die Zuhörer?
- Wie viele Zuhörer werden anwesend sein?
- Wie sind die Zuhörer eingeladen worden?
- Wie viel Zeit bringen die Zuhörer mit?
- Ist die Gruppe homogen oder heterogen?

Absicht

- Warum kommen sie?
- Sind die Zuhörer freiwillig da oder wurden sie geschickt?
- Welche Erwartungen haben sie?
- Wie groß ist das Interesse der Zuhörer?

Vorerfahrungen und Vorwissen

- Wie kompetent sind die Zuhörer?
- Wie stehen die Zuhörer zu dem Thema?
- Ist die Gruppe eher aktiv oder eher passiv?
- Gibt es Kompetenzträger, die Sie beachten sollten?

Besonderheiten

- Wer sind die Entscheider?
- Wie stehen die Zuhörer zu Ihnen?
- Wie bewusst ist Ihrem Publikum das Ziel?
- Gibt es gegenläufige Absichten?
- Könnten Störenfriede unter den Anwesenden sein?

Nutzen Sie diesen Fragenkatalog als eine Checkliste, die Sie durchgehen sollten, bevor Sie sich mit der inhaltlichen Grundstruktur beschäftigen. So stellen Sie von Anfang an sicher, dass Sie Ihre Inhalte optimal auf Ihre Zielgruppe ausrichten können.

Tipp für Einsteiger:

Passen Sie Inhalt und Geschwindigkeitsniveau an die Vorerfahrungen Ihrer Zuhörerschaft an.

Ein Vortrag ist für Zuhörer dann besonders wertvoll, wenn sie das Gefühl erhalten, ihre investierte Zeit sinnvoll verbracht zu haben. Für viele bedeutet das, sich wohl zu fühlen und gut unterhalten zu werden. Im täglichen Geschäftsleben hingegen liegt es den meisten Managern primär am Herzen, ihre Zeit sinnvoll und effizient zu nutzen. Wie können Sie sicherstellen, dass Sie deren Zeit nicht vergeuden und echten Wert stiften? Die Antwort darauf ist zweigeteilt:

- Sie sollten möglichst wenig Inhalte präsentieren, die sich mit bereits Bekanntem überschneiden.
- Gleichzeitig sollten Sie sichergehen, dass Sie möglichst dort anknüpfen, wo der Erfahrungs- und Wissensschatz Ihrer Zuhörer endet.

Selbst ohne die Berücksichtigung weiterer wesentlicher Erfolgsfaktoren, wie Praxisorientierung und lebendiger Vermittlung von Inhalten, ist alleine die Frage, welche Inhaltsblöcke sinnvollerweise gewählt werden sollten, eine anspruchsvolle Gratwanderung.

Hinzu kommt, dass die wenigsten Gruppen so homogen sind, dass Sie vergleichbare Erfahrungs- und Wissenshorizonte aufweisen. Versuchen Sie daher erst gar nicht, es »allen recht zu machen«, und konzentrieren Sie sich auf die Mehrheit oder den relevanten Zuhöreranteil.

Doch wie können Sie unmittelbar vor und während Ihres Vortrages einen kontinuierlichen Draht zu Ihren Zuhörern aufbauen und halten?

Oftmals ist empfehlenswert, dass Sie bereits im Raum sind, wenn die Zuhörer diesen betreten. Nun haben Sie Gelegenheit, ausgewählte Zuhörer einzeln zu begrüßen und bereits Kontakt herzustellen, bevor Sie überhaupt angefangen haben zu referieren.

Beginnen Sie ruhig und stellen Sie schon vor den ersten Worten Blickkontakt zu Ihren Zuhörern her. Achten Sie beim Beginn Ihres Vortrages auf Ihre Körperhaltung. Diese sollte dem Publikum zugewandt und offen sein.

Vor Kurzem besuchte ein Ingenieur mein Seminar, der in der vorhergehenden Woche einen Vortrag vor Kaufleuten halten musste, die sich für die vorgetragene Materie gar nicht erwärmen konnten. Er habe natürlich gemerkt, so der Ingenieur, dass er selbst und sein Thema überhaupt nicht gut ankamen. Die Präsentation sei Vorgabe der Geschäftsleitung gewesen und ihr Inhalt unabänderbar.

Da in Kürze eine ähnliche Tagung stattfinden sollte und der Seminarteilnehmer angehalten war, den Vortrag vor ähnlicher Teilnehmerstruktur erneut zu halten, modifizierten wir den Vortrag.

Wir reduzierten alle technischen Details auf ein Maß, das der Zielgruppe angemessen war. Zusätzlich arbeiteten wir den Nutzen für die Zielgruppe heraus und hoben ihn bei der Seitengestaltung explizit hervor. Auch der Hinweis auf die Relevanz des Themas für die Zielgruppe kann zweckmäßig sein. Hierfür betonte der Vortragende die Wichtigkeit von Kenntnissen in technischen Fragestellungen, die gerade Betriebswirte mit Kundenkontakt besitzen sollten. Zudem gingen wir die Präsentation und die Vortragsnotizen auf Fremdwörter und Fachausdrücke durch und ersetzten sie mit eingängigen und leichteren Ausdrücken. Der Vortrag war nun auf die Bedürfnisse und Erwartungen der Zielgruppe abgestimmt.

Dieses Vorgehen stellte sich im Nachhinein als absolut erfolgreich heraus. Der Ingenieur rief mich an und teilte mir erfreut mit, auf welch positive Resonanz sein Vortrag gestoßen war.

Tipp für Einsteiger:

Verschaffen Sie sich Klarheit über den konkreten Nutzen für die Zuhörer.

Versetzen Sie sich in Ihre Zielgruppe hinein. Welche Inhalte sind von Nutzwert für Ihre Zielgruppe? Nutzen kann bedeuten, dass die Anwendung des Vorgetragenen die Arbeit vereinfacht oder beschleunigt, dass sie Freude bringt, dass der eigene Marktwert durch Kompetenzzugewinn steigt, dass die Problemlösungsfähigkeit zunimmt, dass der Intellekt angesprochen wird, dass ein Zugewinn an Status und Macht erfolgt oder dass die vermittelten Informationen als sinnstiftend aufgefasst werden.

Ihre zentrale Frage sollte stets lauten: »Was haben meine Zuhörer davon, wenn sie zu diesem Vortrag gehen?« – Bevor Sie sich in das Thema vertiefen, müssen Sie daher den Nutzen Ihres Vortrages festlegen. Um den Nutzen für Ihre Zielgruppen zu konkretisieren, gehen Sie wie folgt vor: Gehen Sie zunächst davon aus, dass keine Menschenseele Ihren Vortrag interessant findet. Aus dieser eigenschaftslosen- und interesselosen Perspektive schreiben Sie nun alle Vorteile auf, die Ihnen zu dem Vortrag einfallen. Wenn Sie nun selbst aus diesem realitätsfernen Szenario einige handfeste Vorteile identifizieren, können Sie davon ausgehen, dass auch Ihre Zuhörer einen Nutzen daraus ziehen werden.

Tipp für Einsteiger:

Berücksichtigen Sie immer die beiden folgenden Leitfragen.

Stellen Sie sich zu Beginn Ihrer Präsentation immer die Fragen:

- »Welchen Punkt möchte ich rüberbringen?« und
- »Warum ist dieser Punkt wichtig?«

Wenn Sie Ihren Inhalt an diesen beiden Leitfragen ausrichten, werden Sie keine Probleme haben, Ihre Kernbotschaft prägnant auf den Punkt zu bringen. Diese beiden Fragestellungen eignen sich hervorragend, um wesentliche von irrelevanten Inhalten zu trennen. Auch während des Vortrages sollten Sie sich ständig vergegenwärtigen, ob das Gesagte noch zu Ihrer Kernbotschaft passt oder zu deren Begründung beiträgt, oder ob Sie sich in Detailfragen verrannt haben.

Das können Sie auf vielfältige Weise tun: Sie können Ihre Kernbotschaften häufig wiederholen. Sie können Überschriften adäquat gestalten. Sie können einen Einstiegsparagrafen vorbereiten, in dem Sie das Ende und Ihre Kernbotschaft vorwegnehmen und kurz begründen, warum diese Kernbotschaft Relevanz besitzt. Auch können Sie, ganz nach akademischer Tradition, die Kernbotschaft erst ganz am Ende herleiten. Egal, wie Sie vorgehen: Verdeutlichen Sie Ihren Zuhörern ständig, was Sie auszudrücken gedenken, und warum das Ausgedrückte wichtig ist.

Kreativitätstechniken

Tipp für Fortgeschrittene:

Nutzen Sie Kreativitätstechniken zur Ideenfindung.

Kreativitätstechniken helfen uns dabei, unsere von Geburt an existierende Fähigkeit, kreativ tätig zu werden, in geeignete und nützliche Bahnen zu lenken. Kreativität ist in konservativen Berufsbildern vielfach verpönt. Es heißt, Kreativität sei nicht rational genug oder zu unseriös. Doch Kreativität steht am Anfang jeder Schaffensphase. Durch spätere Transformation in geeignete, seriöse Formen werden Sie auch konservative Zuhörer oder Zuschauer überzeugen können.

Alle hier vorgestellten Kreativitätstechniken haben eine ähnliche Vorgehensweise: Ideen, Gedankenblitze und Vorstellungen werden zunächst ungefiltert aufgenommen. Erst in einer zweiten Phase erfolgt die Bewertung. Zusätzlich lassen sich in der ersten Phase externe Umwelteinflüsse und Störfaktoren nutzen, um die Kreativität zusätzlich zu fördern.

Brainstorming. Diese Methode hat sich in der Praxis weitflächig durchgesetzt. Dabei beschränkt sich diese Methode nicht nur auf kreative Branchen wie Werbeagenturen oder Medienunternehmen. Der große Vorteil dieses Ansatzes liegt darin, mit mehreren Personen gleichzeitig auf Ideensuche gehen zu können. Folgende fünf Kriterien sollten Sie jedoch *vor* der Brainstorming-Sitzung beachten:

- *Bestimmen Sie den Zweck.* Bevor Sie kein Ziel bestimmt haben, wird Ihre Sitzung keine Ergebnisse liefern. Nehmen Sie also ein großes Blatt Papier, idealerweise ein Blatt in der Größe eines Flipchartbogens, und schreiben Sie darauf den Zweck der Sitzung.
- *Wählen Sie gezielt die Teilnehmer aus.* Wenn Sie den Vortrag alleine vorbereiten werden, überspringen Sie diesen Punkt. In Fällen, in denen Sie vor-

haben, gemeinsam mit anderen Ideen zu finden, sollten Sie genau auf die Zusammensetzung des Teams achten. Die besten Ideen kommen erfahrungsgemäß dann zustande, wenn das Team besonders heterogen ist. Die Gruppengröße ist maßgeblich für die Menge der Ideen. Achten Sie darauf, dass Sie die ganzen Ideen anschließend noch bewerten und auswählen können. Das Team sollte mindestens aus drei Personen bestehen, um ausreichend Ideen generieren zu können.

- *Machen Sie einen Tapetenwechsel.* Besonders viele und besonders gute Ideen entstehen erfahrungsgemäß dann, wenn Sie sich erlauben, von Ihrer gewohnten Umgebung Abstand zu nehmen. Sie können sich beispielsweise in einen schönen Café treffen, gemeinsam oder alleine durch den Wald laufen oder einen schattigen Platz auf einer Wiese suchen, um sich über Ideen auszutauschen und diese ungefiltert aufzuschreiben. Der zeitliche Abstand zu Ihrer gewohnten Arbeit kann ebenfalls erstaunlich wirken: Führen Sie das Brainstorming beispielsweise nach dem Abendessen durch oder an einem freien Samstagnachmittag.
- *Sorgen Sie für eine informelle Atmosphäre.* Damit die Gedanken frei fließen können und Ideen ungebunden und zwanglos generiert werden können, verzichten Sie auf förmliche Kleidung. Ziehen Sie das Sakko oder die Kostümjacke aus, sorgen Sie für frische Getränke und legen Sie alle notwendigen Schreibunterlagen bereit.
- *Wählen Sie bei größeren Gruppen einen Moderator aus.* Seine Aufgabe besteht darin sicherzustellen, dass alle Teilnehmer gleichberechtigt mitmachen können. Außerdem sollte er darauf achten, dass jeder Einzelne auch wirklich zu Wort kommen kann. Darüber hinaus sollte die Einhaltung der Grundregeln gewährleistet sein. Ferner obliegt dem Moderator die Aufgabe, die Diskussion gemäß der Fragestellung zu leiten und zu kanalisieren.
- *Definieren Sie im Vorfeld die Fragen, zu denen Ideen generiert werden sollen.* Je klarer und zielführender die Fragen, umso leichter werden die Ideen fließen.

Während der Sitzung:
- Positionieren Sie die Teilnehmer der gemeinsamen Brainstorming-Sitzung auf der einen Seite, das Problem oder die Fragestellung auf der anderen Seite. Gerade, wenn Sie eine sehr heterogene Teilnehmergruppe ausgewählt haben, wird sich die allgemeine Bereitschaft vergrößern, ein gemeinsames Problem anzugehen oder gemeinsame Ideen zu finden, wenn die Teilnehmer Schulter an Schulter nebeneinander sitzen.

- Erläutern Sie die Regeln und das Kritikverbot. Machen Sie deutlich, dass negative Kritik während des Brainstorming-Prozesses unerwünscht ist. Außerdem sollten Sie selbst irrationale und unrealisierbare Vorschläge ausdrücklich in der ersten Phase akzeptieren.
- In dieser Phase, in der die Ideen fließen, sollten Sie die gestellte Aufgabe aus allen Perspektiven angehen.
- Zeigen Sie die gesamte Ideenfülle auf. Auch hier hilft wieder die Visualisierung von bereits genannten Ideen.

Nach der Brainstorming-Sitzung:
- Gemeinsam sollten Sie nun auswählen, welche Ideen für die weitere Entwicklung geeignet sind. Dazu könnten Sie beispielsweise verschiedenfarbige selbstklebende Punkte nutzen, mit denen Sie entwicklungswürdige Ideen kennzeichnen.
- Suchen Sie nach Wegen, aussichtsreiche Ideen weiter zu verbessern. Das Ziel dieses Schrittes ist, eine gegebene Idee so attraktiv wie nur irgend möglich zu machen.
- Entscheiden Sie, wann die Ideen durch wen bewertet werden.

Die gesammelten Ideen, die bei der Ideenfindung schriftlich festgehalten werden, werden ausgewertet, sortiert und auf ihre Verwendbarkeit hin überprüft.

Tipp für Einsteiger:

Profitieren Sie von Mindmapping oder Post-its bei der Strukturierung der Inhalte.

Mindmapping. Der Begriff Mindmapping geht ursprünglich auf den amerikanischen Autor Tony Buzan zurück, der sich intensiv mit Lern- und Denkprozessen des menschlichen Gehirns auseinandersetzte. Mindmapping ist ein methodisches Werkzeug zum Strukturieren von Stichwörtern, das auf aktuelle Erkenntnisse der Hirnforschung zurückgreift.

So ist beispielsweise bekannt, dass die rechte Gehirnhälfte eher für kreative Tätigkeiten wie Musizieren, Farben erkennen und Sprachvokabular zuständig ist, während die linke Gehirnhälfte auf formale und quantitative Gedächtnisprozesse spezialisiert ist. Der Mindmapping-Ansatz greift durch seine grafische Gestalt auf beide Gehirnhälften gleichzeitig zu und maximiert daher die Gedächtnisleistung.

Mindmaps sind in der Grundstruktur immer ähnlich aufgebaut. In der Mitte des Mindmaps wird stets das Oberthema geschrieben. Ausgehend von diesem Oberthema verlaufen Hauptäste, die wiederum beschriftet sind. Die organische Struktur eines Baumes mit all seinen Ästen und Verästelungen dient als Vorbild. Ebenso haben auch Mindmaps Äste und Unteräste, auf denen wiederum verwandte Stichwörter stehen. Ein Mindmap kann entweder in digitaler oder in handschriftlicher Form angefertigt werden. Ich empfehle für kreative Prozesse die Offlineversion. Nehmen Sie ein ausreichend großes Blatt Papier, wechseln Sie den Ort, und zeichnen Sie ein Mindmap. Einige Softwareunternehmen haben bereits sehr innovative und durchdachte Lösungen entwickelt. Alternativ zu Papier und Bleistift können Sie also auch ein Computerprogramm wie beispielsweise den MindManager nutzen, mit dem Sie Mindmaps erstellen können. Der Vorteil liegt in der digitalen Verwertbarkeit und außerdem können Sie die Inhalte direkt in PowerPoint importieren.

Zur Orientierung nachfolgend (auf S. 22) ein Beispiel für ein Mindmap. Weitere Beispiele für Mindmapps finden Sie als Download auf unserer Internetseite:

Post-it-Methode. Diese Methode kombiniert Elemente des Mindmappings mit haptischen Erfahrungen. Die einzelnen Elemente beziehungsweise Folientitel werden zunächst alle auf Post-its geschrieben und dann so angeordnet, dass sie eine logische Struktur ergeben. Dabei können Sie die Post-its sowohl nebeneinander als auch übereinander oder in anderer Form anordnen.

Tipp für Einsteiger:
Nutzen Sie analoge Medien für die Ideenfindung.

Selbst computeraffine Profis favorisieren in manchen Situationen analoge Medien zur Ideenfindung gegenüber digitalen. Notizen mit Stift auf Papier aufzuschreiben ist natürlicher für uns, weil wir mit diesen Medien aufgewachsen sind. Während der Computer mit seinen Funktionen und Programmen uns Grenzen auferlegt, sind wir mit Stift und Papier freier.

Die meisten Menschen sind kreativer, wenn sie sich nicht von all den Symbolen, offenen Fenstern und aufkommenden Meldungen eines Computers ablenken lassen. Fahren Sie Ihren Computer herunter, nehmen Sie ein paar Blätter, Karteikarten oder Post-its, einen guten Stift und entwerfen Sie

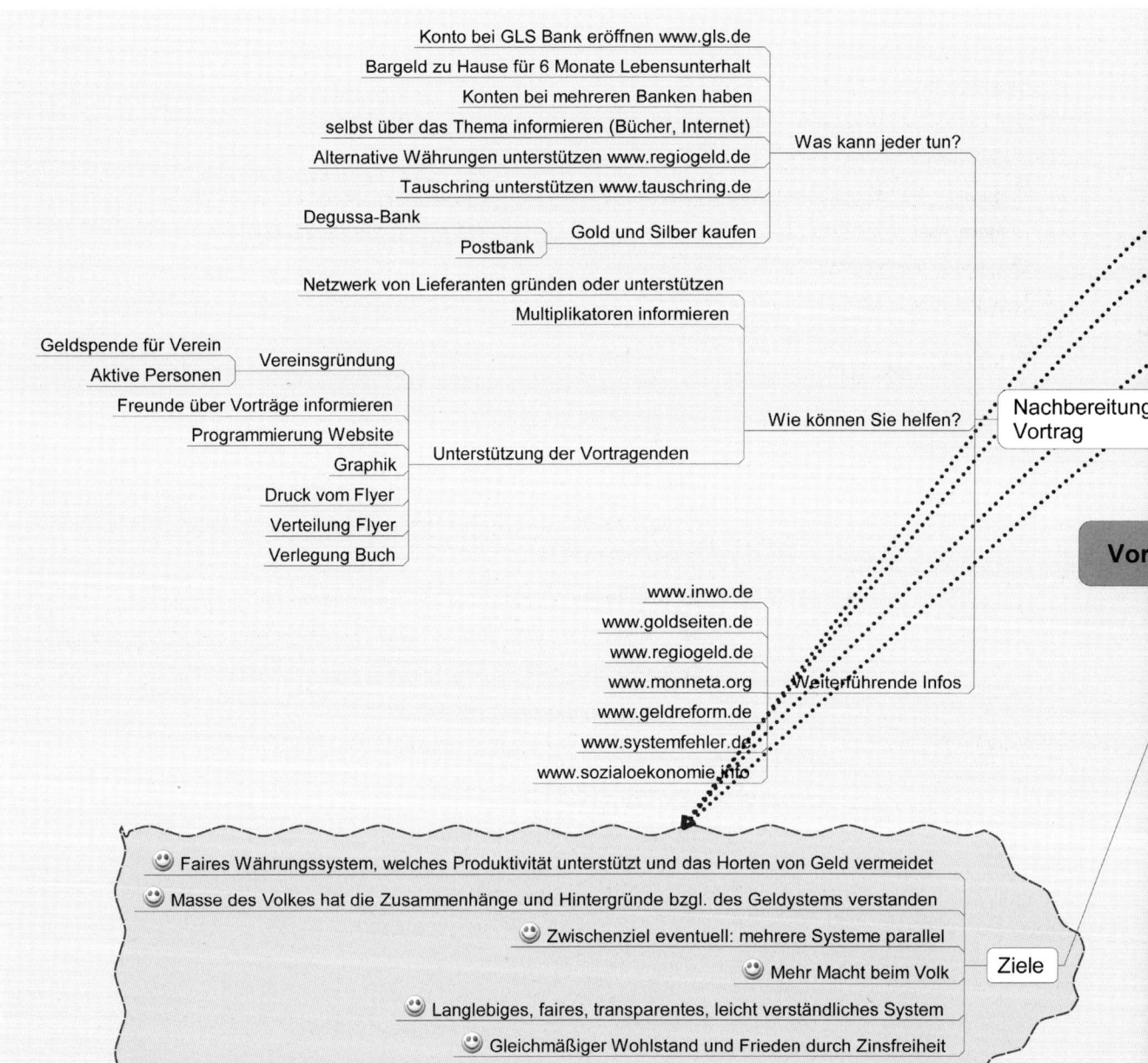

Konto bei GLS Bank eröffnen www.gls.de
Bargeld zu Hause für 6 Monate Lebensunterhalt
Konten bei mehreren Banken haben
selbst über das Thema informieren (Bücher, Internet)
Alternative Währungen unterstützen www.regiogeld.de
Tauschring unterstützen www.tauschring.de
Degussa-Bank
Postbank
Gold und Silber kaufen

Was kann jeder tun?

Netzwerk von Lieferanten gründen oder unterstützen
Multiplikatoren informieren
Geldspende für Verein
Aktive Personen
Vereinsgründung
Freunde über Vorträge informieren
Programmierung Website
Graphik
Druck vom Flyer
Verteilung Flyer
Verlegung Buch
Unterstützung der Vortragenden

Wie können Sie helfen?

Nachbereitung Vortrag

Vor

www.inwo.de
www.goldseiten.de
www.regiogeld.de
www.monneta.org
www.geldreform.de
www.systemfehler.de
www.sozialoekonomie.info

Weiterführende Infos

☺ Faires Währungssystem, welches Produktivität unterstützt und das Horten von Geld vermeidet
☺ Masse des Volkes hat die Zusammenhänge und Hintergründe bzgl. des Geldsystems verstanden
☺ Zwischenziel eventuell: mehrere Systeme parallel
☺ Mehr Macht beim Volk
☺ Langlebiges, faires, transparentes, leicht verständliches System
☺ Gleichmäßiger Wohlstand und Frieden durch Zinsfreiheit

Ziele

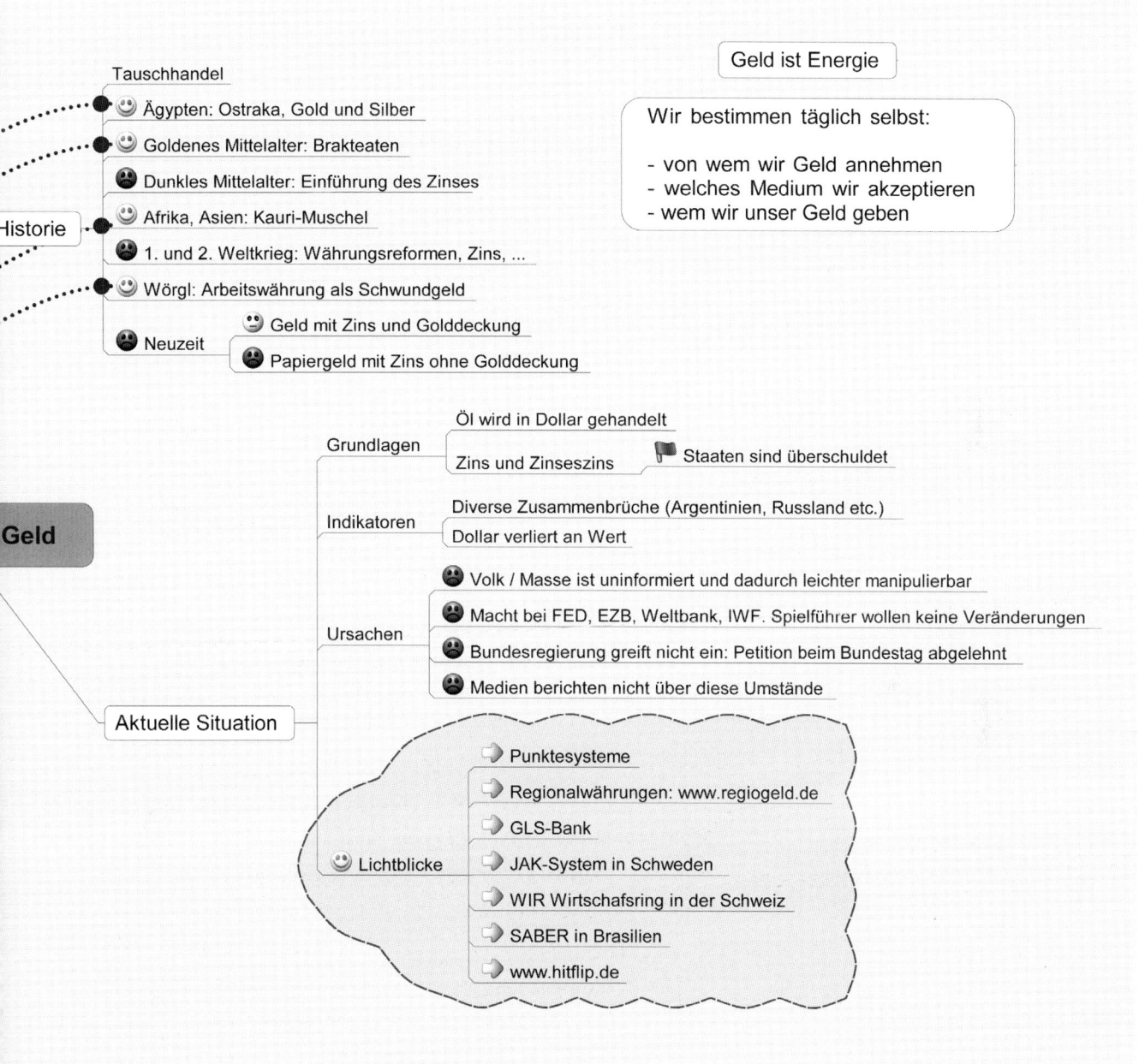

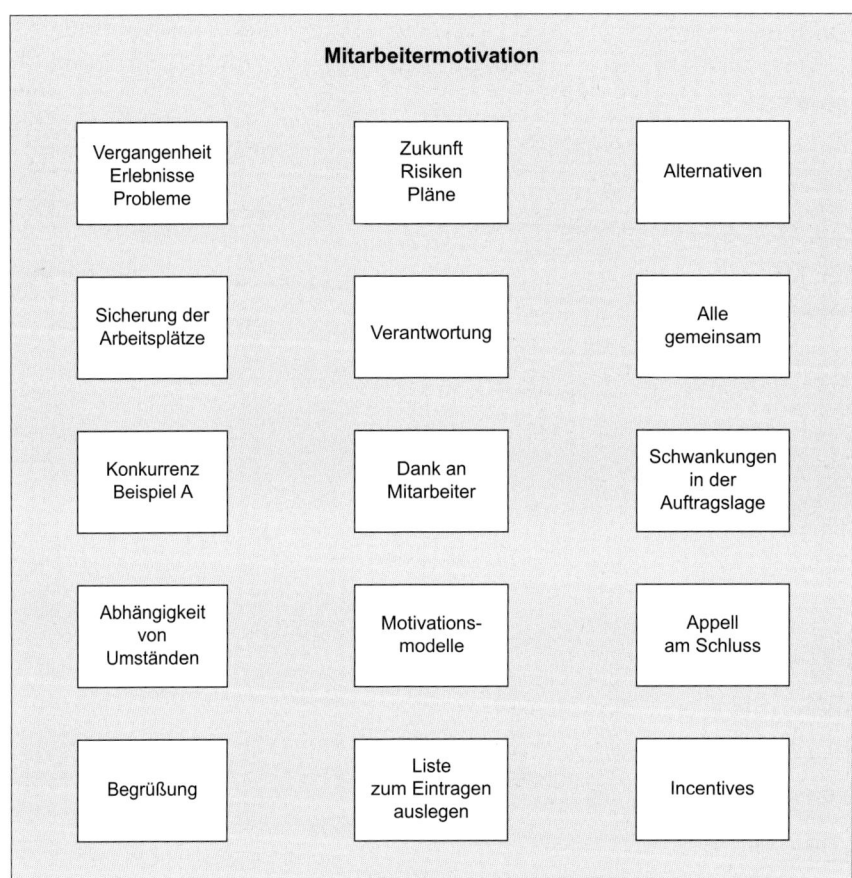

Grobstruktur und Inhalt. Erst in einem zweiten Schritt sollten Sie Ihre Entwürfe in digitale Strukturen überführen.

Diese Vorgehensweise mag zunächst altmodisch und zeitaufwendig anmuten. Langfristig werden Sie allerdings merken, wie Sie Gedanken klarer formulieren und strukturieren können, wenn Sie auf den Computer (vorerst) verzichten.

Auch ein kleines Notizbuch kann Wunder wirken. Investieren Sie ruhig ein paar Euro in ein Notizbuch hoher Qualität, das Sie überallhin mitnehmen können. Sie werden staunen, nach welch kurzer Zeit es sich bereits rentiert. Mit Ihren mobilen Unterlagen sind Sie jederzeit produktiv: an der Bushaltestelle, in der Warteschlange, auf einer Zugfahrt. Jederzeit können Sie Ihre Präsentationen weiter verbessern oder ein schnelles Brainstorming zu einem neuen Thema durchführen.

Doch muss es nicht zwingend das DIN-A4-Blatt oder ein Notizbuch sein, auf dem Sie Ihre Ideen niederschreiben. Nutzen Sie Whiteboards, auf denen Sie problemlos bereits Geschriebenes korrigieren können. Nutzen Sie Tafeln. Verwenden Sie Flipcharts. Ebenso bewährt und deutlich günstiger sind Tapeten oder große Mengen helles Packpapier, die Sie an der Wand befestigen können. Probieren Sie außerdem einmal, Ihre Gedanken mit großen Post-its zu ordnen. Diese Methode eignet sich hervorragend, wenn Sie gemeinsam mit anderen Ideen entwickeln. Visualisieren Sie Ihre Ideen mit dicken Filzstiften, bevor Sie sie in Ihre digitale Präsentation überführen (s. Abbildung links und unten).

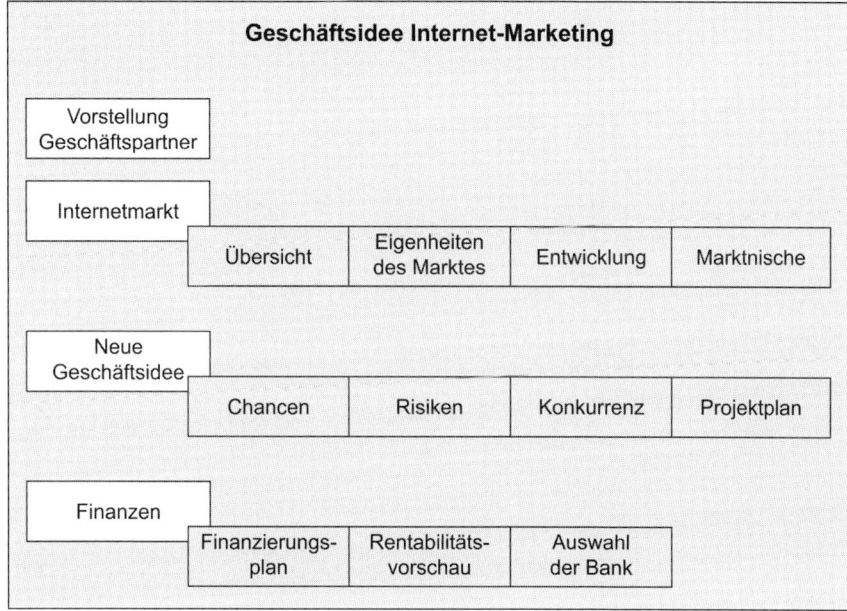

Tipp für Fortgeschrittene:

Nutzen Sie leere PowerPoint-Ausdrucke, um Ihre Gedanken »offline« zu strukturieren.

Öffnen Sie PowerPoint und kopieren Sie mehrere leere Blätter hintereinander. Drucken Sie nun Ihre Präsentation aus, indem Sie nacheinander auf »Datei« und »Drucken« klicken und in dem erscheinenden Dialogfenster die Option »Handouts« sowie »Drucke 3 Folien pro Seite« auswählen. Ihr Computer druckt Ihnen nun drei (leere) Folien pro Seite aus, die rechts von horizontalen Linien flankiert werden. Das ist eine ideale Vorlage zur Strukturierung Ihrer Gedanken. Sie können das rechteckige Feld links nutzen, um Ihre Gedanken zu visualisieren. Ob Strukturdiagramm oder Datenchart, mit einer Grobskizze können Sie abschätzen, welcher Inhalt auf welcher Seite erscheinen soll. Rechts der Kästchen haben Sie Platz, um Ihre Gedanken niederzuschreiben.

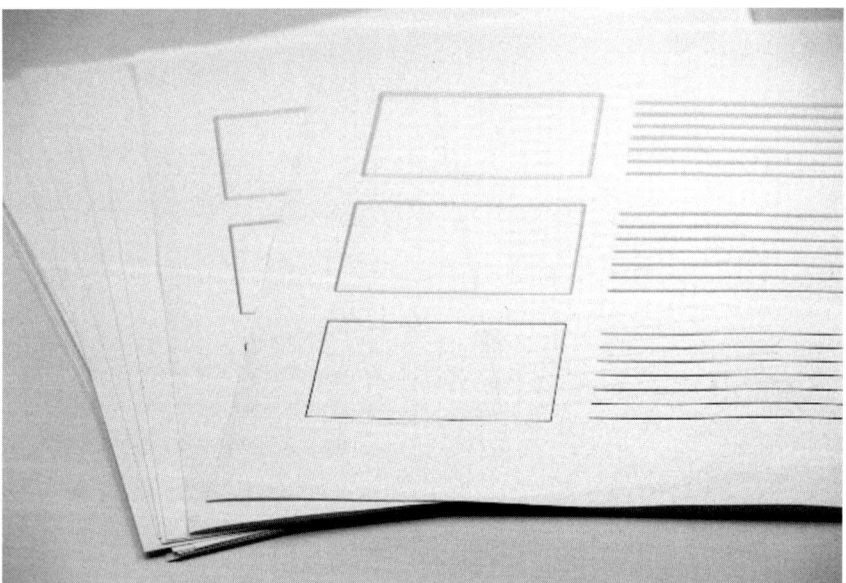

Wenn Ihnen der Platz in den linken Kästchen nicht ausreicht, können Sie auch zu der Basisvariante handschriftlicher Präsentationsvorlagen greifen: dem querformatigen DIN-A4-Blatt. Die Vorteile liegen auf der Hand: Einige leere Blätter Kopierpapier sind in jedem Büro verfügbar. Sie sind unschlagbar kostengünstig und müssen nicht weiterbearbeitet werden. Außerdem bringt das DIN-A4-Papier gleich die (annähernd) richtigen Seitenverhältnisse mit.

Gerade bei umfangreichen Präsentationen, die vor der letztendlichen Version noch durch viele Hände gehen müssen, eignen sich stabile Foldbackklammern (auch »Mauly« genannt), um die Präsentationen einerseits zusammenzuhalten und andererseits flexibel umorganisieren zu können. Folien innerhalb der gleichen Präsentation können so leicht verschoben und miteinander vertauscht werden, neue Folien hinzugefügt und redundante oder obsolete Folien entfernt werden.

Tipp für Einsteiger:

Behalten Sie immer das »Große und Ganze« im Blick!

Mit den analogen Kreativitätstechniken, die dargestellt wurden, können Sie jederzeit das «Große und Ganze» sehen, ohne in Detailthemen abzudriften. Indem Sie Ihre visualisierten Gedanken nicht von Whiteboard, Flipchart oder Packpapier entfernen, haben Sie ständig das »Big Picture« im Visier.

Auch bei jedem Bestandteil Ihrer Rede oder Ihres Vortrages, bei jeder Folie Ihrer Präsentation sollten Sie den bereits erwähnten Tipp berücksichtigen, Ihrem Publikum immer mindestens zwei Fragen zu beantworten: »Welchen Punkt möchte ich gerne rüberbringen?« und: »Warum ist genau dieser Punkt wichtig?«

Je einleuchtender Sie begründen können, warum jeder Bestandteil Ihrer Darbietung zu Ihrer Hauptzielsetzung beiträgt, desto mehr Zustimmung wird Ihnen aus dem Zuhörerkreis zuteil.

»Story« und Struktur

Tipp für Fortgeschrittene:

Erzählen Sie eine Geschichte und präsentieren Sie nicht nur Daten.

Noch nie zuvor waren so viele und qualitativ hochwertige Daten so leicht verfügbar und zugänglich wie heute. Doch es kommt weniger darauf an, kalte Fakten zu präsentieren. Durch eine simple Aneinanderreihung von Daten und Fakten werden Sie keinen echten Mehrwert stiften können.

Wenn Sie Ihr Publikum überzeugen und fesseln, binden und mitfiebern lassen wollen, sollten Sie auf die Techniken zurückgreifen, die denen in Kriminalromanen ähneln. Erinnern Sie sich an Ihre Schul- oder Studienzeit: Welche Unterrichtsstunden und Vorlesungen blieben Ihnen bis heute im Gedächtnis? Wahrscheinlich werden es Vorträge von Dozenten sein, die ihre eigene Erfahrung, ihre eigene Meinung, Beispiele und Anekdoten einbrachten. Oft wurden diese Anekdoten zudem in einer Art und Weise erzählt, die unsere Gefühle ansprachen. Eventuell konnten diese Lehrpersonen ihre Inhalte besonders humorvoll vermitteln, oder Ihnen imponierte, dass der Dozent oder die Dozentin nicht davor zurückscheute, auch persönliche Ansichten und Erfahrungen mit Ihnen zu teilen. Ich erinnere mich gerne an meine Studienzeit, und insbesondere an die Vorlesungen, zu denen wir kamen, weil wir den Professor »erleben« wollten. Der Inhalt war eher nebensächlich. Diese Art von Vorlesungen waren diejenigen, bei denen fachlich am meisten »hängen blieb«.

Wie bereits beschrieben, besteht unser Gehirn aus zwei Teilen, die jeweils unterschiedliche Schwerpunkte haben: die rechte Seite bildet Gefühle, Musik und Kreativität ab, die linke ist für Logik, Daten, Fakten und mathematische Zusammenhänge zuständig (Merkhilfe: links = logisch). Je mehr sich Ihre Präsentation beider Gehirnhälften Ihrer Zuschauer bedient, desto eher werden Ihre Inhalte transportiert und abgespeichert. Vielleicht erinnern Sie sich auch daran, dass auch der Mindmapping-Ansatz auf beide Gehirnhälften zurückgreift.

Logik und Daten reichen nicht aus. Kommunikation, die wirkt, ist stets Kommunikation, die Emotionen überträgt. Fesseln Sie Ihr Publikum – und es wird begeistert sein.

Und so gehen Sie vor: Sofern Sie mit Ihrem Vortrag eine Problemlösung präsentieren wollen, sollten Sie unbedingt darauf achten, nicht nur den reinen Problemlösungsansatz zu zeigen, sondern eine überzeugende und eindrückliche Geschichte zu entwerfen, in die Ihre Handlungsempfehlung didaktisch eingebettet ist.

Zunächst gilt es, Ihren Zuhörerkreis dort abzuholen, wo er gedanklich angesiedelt ist. Stellen Sie daher zunächst die Ausgangssituation dar, in der das Problem noch nicht eingetreten ist.

> Beispiel: »Der Umsatz unserer Firma ist in den letzten acht Jahren um durchschnittlich zwölf Prozent pro Jahr gestiegen.«

Spannung erzeugen Sie, indem Sie einen kleinen Höhepunkt, eine Klimax integrieren. Dies können Sie bereits ganz zu Beginn und direkt nach der Ist-Beschreibung tun. Dann sollten Sie Ihre Zuhörer mit einem Spannungsbogen überraschen, indem Sie Unerwartetes, ein Problem oder eine Komplikation, präsentieren.

> Beispiel: »Im Frühjahr dieses Jahres brach der Umsatz plötzlich um 20 Prozent ein.«

Der Hauptteil Ihrer Präsentation fokussiert sich dann darauf, die Ursachen für das Problem oder die Komplikation sowie Ihre entsprechenden Lösungsansätze zu präsentieren.

> Beispiel: »Wir haben herausgefunden, dass der Auftragseingang unseres Hauptkunden im Frühjahr drastisch eingebrochen ist. Da wir der Hauptzulieferer sind, hat sich dieser Effekt sofort auf unseren Umsatz ausgewirkt. Wir empfehlen daher mittelfristig, andere Kunden zu suchen, um durch Diversifikation das Risiko zu reduzieren.«

Tipp für Einsteiger:
Strukturieren Sie Ihre Inhalte didaktisch sinnvoll.

Stellen Sie sicher, dass Ihre Zuhörer den Inhalten gut folgen können. Dies erreichen Sie, indem Sie die wichtigsten didaktischen Grundregeln beachten. Wählen Sie eine klare, logische und nachvollziehbare Struktur.

Vom Allgemeinen zum Speziellen. Das Allgemeine steckt das Spielfeld, den Rahmen ab, in dem das Spezielle überhaupt erst in Erscheinung treten kann. Das Allgemeine hat eine grundsätzliche, einleitende Funktion und holt die Zuschauer gedanklich ab. Beispiel: Wenn Sie einen Vortrag über die Wirtschaftskrise halten, die auf die Kreditklemme folgte, beginnen Sie zunächst mit allgemeinen Ausführungen über die Zusammenhänge der Volkswirtschaftslehre.

Vom Bekannten zum Unbekannten. Auch hier geht es darum, den Zuhörer auf bekanntem Terrain abzuholen und ihn anschließend in unbekannte Gefilde zu begleiten.

Vom Einfachen zum Schwierigen. Diese eigentlich triviale didaktische Grundform wird lange nicht von allen Referenten berücksichtigt. Vereinfacht werden Sachverhalte dann, wenn die Komplexität reduziert wird. So könnten Sie Zahlen- oder Rechenbeispiele simplifizieren, indem Sie zunächst überschlägige Berechnungen verwenden.

Tipp für Fortgeschrittene:

Nutzen Sie die Vorteile der vier grundlegenden Logikprinzipien.

Barbara Minto, die Autorin des Buches »Prinzip der Pyramide« (2005), unterscheidet zwischen vier Möglichkeiten, die Gedanken logisch zu ordnen:

Deduktiv (von lat.: deducere = hinabführen, wegführen): ist eine logische Schlussfolgerung *vom Allgemeinen auf das Besondere*. Mithilfe der Deduktion werden einzelne Erkenntnisse aus grundlegenden Theorien abgeleitet. Dabei folgt die deduktive Schlussfolgerung immer dem Aufbau *Hauptprämisse* → *Unterprämisse* → *Konklusion*. Ein Beispiel zur Verdeutlichung:

> *Hauptprämisse*: Die meisten Börsengänge sind unterpreist.
> *Unterprämisse:* ABC plant einen Börsengang.
> *Konklusion:* Die Wahrscheinlichkeit ist hoch, dass auch ABC den Börsengang unterpreist.

Chronologisch: Die zeitlich aufeinanderfolgende Ordnung ist die in der Praxis wohl am häufigsten verwendete Strukturmethode. Dabei können die einzelnen Elemente einerseits tatsächliche Arbeitsschritte darstellen oder Meilensteine beziehungsweise Ziele. Andererseits kann eine chronologische Struktur auch Ursache-Wirkungs- und Prozesszusammenhänge abbilden.

> Beispiel für die Struktur von Meilensteilen/Zielen: Zuerst den Bedarf klären → günstigsten Anbieter finden → Produkte bestellen.
> Beispiel für Prozesszusammenhänge: Zunächst Strategie formulieren → dann Maßnahmen umsetzen → Soll-Ist-Kontrolle durchführen → Strategie anpassen.

Strukturell: Strukturelle Ordnung ist dann angemessen, wenn Sie ein in Teile aufgespaltenes Ganzes abbilden wollen. Dabei sollten Sie sicherstellen, stets MECE (mutually exclusive, collectively exhaustive; überschneidungsfrei und vollständig) zu arbeiten (s. Tipp auf S. 37). Am häufigsten begegnen uns strukturelle Ordnungen in Form von Organisationsdiagrammen. Diese können entweder nach Aktivitäten (Produktion, Logistik, Finanzen), nach Standorten (Nordamerika, Südostasien, EU-15) oder bestimmten Marktsegmenten gegliedert sein (Kinder, Jugendliche, junge Erwachsene).

Vergleichend, priorisierend. Wenn die von Ihnen ausgearbeiteten Argumente in Ihren Augen unterschiedliche Aussagekraft oder Bedeutung haben, können Sie diese Tatsache für Ihre Didaktik nutzen. Nach den Grundsätzen des Pyramidenprinzips sollten Sie zwar mit dem wesentlichsten Argument beginnen. Eine bestimmte Zielgruppe überzeugen Sie allerdings eher dann, wenn Sie Ihre Argumente *aufsteigend* nach Wichtigkeit sortieren. In diesem Falle würden Sie Ihr überzeugendstes Argument erst ganz am Schluss präsentieren.

> **Tipp für Fortgeschrittene:**
>
> **Gliedern Sie unterschiedliche Strukturelemente mit der 3-Satz-, 5-Satz- oder Bausatz-Methode.**

Eine Präsentation besteht immer aus einem Anfang, einem Hauptteil und einem Schluss. Den Hauptteil können Sie nochmals unterteilen. Ich empfehle Ihnen für den Hauptteil eine Dreiteilung (3-Satz), sodass mit Anfang und Schluss ein 5-Satz entsteht. In der Übersicht auf Seite 33 sehen Sie einige Beispiele für den 5-Satz. Es gibt natürlich noch weitaus mehr Möglichkeiten als die hier dargestellten. So können Sie die Bausteine beispielsweise beliebig miteinander kombinieren. Der mittlere Teil kann beispielsweise bestehen aus dem 3-Satz: Tatsache-Ursache-Folgerung, Ist-Ziel-Weg, Risiken-Chancen-Pläne, Vergangenheit-Gegenwart-Zukunft, These-Antithese-Synthese oder Problem-Vision-Appell.

Nachfolgend finden Sie einige Beispiele aus der Unternehmenspraxis:

Tatsache-Ursache-Folgerung: »Unsere Bruttomarge ist im vergangenen Jahr von 25 Prozent auf 15 Prozent gesunken. Dies liegt an den gestiegenen Kosten für das Material. Wenn die Materialkosten weiter zunehmen, werden wir Probleme haben, unsere Fixkosten zu decken.«

Ist-Ziel-Weg: »Derzeit konzentrieren wir uns auf den europäischen Markt. Prinzipiell sind unsere Produkte auch für den nordamerikanischen Markt interessant. Unser Ziel ist, in drei Jahren einen Marktanteil von zehn Prozent zu verwirklichen. Um dies zu erreichen, werden wir zunächst drei Niederlassungen gründen und in diesen Niederlassungen reine Vertriebsmannschaften aufbauen.«

Risiken-Chancen-Pläne: »Die Zinsaufwendungen für unser Fremdkapital belasten uns mit hohen Fixkosten. Gleichzeitig erlaubt es uns, zu expandieren und eine hohe Eigenkapitalrendite zu erreichen. Wir sollten so wenig Schulden wie möglich und so viele wie nötig aufnehmen.«

Vergangenheit-Gegenwart-Zukunft: »In den vergangenen fünf Jahren erlebten wir eine sehr große Nachfrage nach Stellen in unserem Unternehmen. Derzeit scheint es, dass sich Topkandidaten anderweitig orientieren. In Zukunft müssen wir also unsere Recruitinganstrengungen stärker auf unsere Zielgruppe ausrichten.«

These-Antithese-Synthese: »Frau Meier ist der Meinung, unsere Prozesse könnten weiter optimiert werden. Herr Müller hingegen sieht kein Verbesserungspotenzial in der Prozessoptimierung, sondern eher Entwicklungsbedarf in der Kundenorientierung. Gemeinsam mit zwei weiteren Führungskräften haben Frau Meier und Herr Müller eine Task Force gegründet, um beide Ansätze sinnvoll zu vereinen.«

Problem-Vision-Apell: »Ohne eine Änderung unseres Geschäftsmodells wird das Internet zu einer existenziellen Bedrohung unseres Unternehmens. Daher streben wir an, in zwei Jahren auch im Internet Marktführer für unsere Produkte zu sein. Ohne den hingabevollen Einsatz eines jeden Einzelnen wird dieses Ziel nicht zu erreichen sein.«

Hilfreiche Redefiguren				
		Einleitung		
1	Ist	Tatsache	Meinung	Anlass	Vergangenheit
2	Ziel	Ursache	Begründung	Ziel	Gegenwart
3	Weg	Folgerung	Beispiele	Appell	Zukunft
		Schluss		

Einige Redefiguren kommen immer wieder vor. Zum Beispiel können Sie den »Ist-Ziel-Weg« ganz oft spontan bei anstehenden Veränderungen verwenden.

Tipp für Einsteiger:

Verinnerlichen Sie häufig vorkommende Redefiguren.

Nachfolgend finden Sie noch einige weitere häufig vorkommende Redefiguren, die Sie nach Ihren Bedürfnissen anpassen und verinnerlichen sollten.

Veränderung von Situationen
– Einleitung
– Ist-Situation
– Ziel-Situation
– Wege/Maßnahmen zur Zielerreichung
– Abschluss

Meinungsrede
– Meinung
– Begründung
– Beispiele
– Gegebenenfalls Appell

Informationsrede
– Ausgangssituation
– Neue Informationen
– Folgerung
– Maßnahmen

Erkenntnisrede
– Aktuelle Situation
– Hauptsächliche Ursachen
– Schlussfolgerung
– Appell

Historische Rede
– Einleitung
– Vergangenheit
– Gegenwart
– Zukunft
– Abschluss

Geburtstag, Hochzeit und weitere Anlässe
- Einleitung
- Anlass
- Anekdoten
- Wünsche
- Abschluss (Trinkspruch)

Schlichtung oder Moderation
- Einleitung
- Anlass
- Position A
- Position B
- Ziel
- Vorgehensweise
- Appell

Nicht nur der Inhalt jedes Elements (zum Beispiel jede Folie), sondern insbesondere auch der Vortrag als Gesamtes sollte eine stringente und didaktisch angemessene Logik aufweisen. Für die Anordnung und Sortierung der einzelnen Inhaltskomponenten hat sich der englische Ausdruck »Storyboarding« durchgesetzt, der ursprünglich aus der Medien- und Filmbranche stammt.

Nicht ohne Grund gleichen erfolgreiche und moderne Präsentationen, wie beispielsweise die von Steve Jobs oder Al Gore, zunehmend professionellen TV- und Filmformaten.

Storyboarding kann methodisch grundsätzlich auf zwei Wegen erfolgen. Zum einen können Sie mit Miniaturansichten der Folien arbeiten, zum anderen ausschließlich mit den Überschriften. Im Rahmen dieses Tipps betrachten wir nur letztere Option.

Tipp für Fortgeschrittene:

Nutzen Sie die Gliederungsansicht von PowerPoint, um sich der Struktur bewusst zu werden.

Die Gliederungsansicht von Microsoft PowerPoint bietet Ihnen eine hervorragende Möglichkeit, sich auf einen Blick die Struktur Ihres Textes zu veranschaulichen. Die Gliederungsansichtsfunktion liest alle Überschriften der Folien aus und präsentiert sie untereinander. Voraussetzung dafür ist, dass Sie die Überschriften ausschließlich in die dafür vorgesehenen Überschriftfelder eintragen haben und nicht in selbst eingefügte Textfelder.

Es lassen sich also zwei grundsätzliche Arbeitsweisen unterscheiden. Zum einen können Sie eine bereits bestehende Präsentation neu ordnen und umstrukturieren, zum anderen können Sie eine noch inhaltsleere Präsentation mit den entsprechenden Überschriften ausstatten. So erstellen Sie ein Grundgerüst der zukünftigen Präsentation.

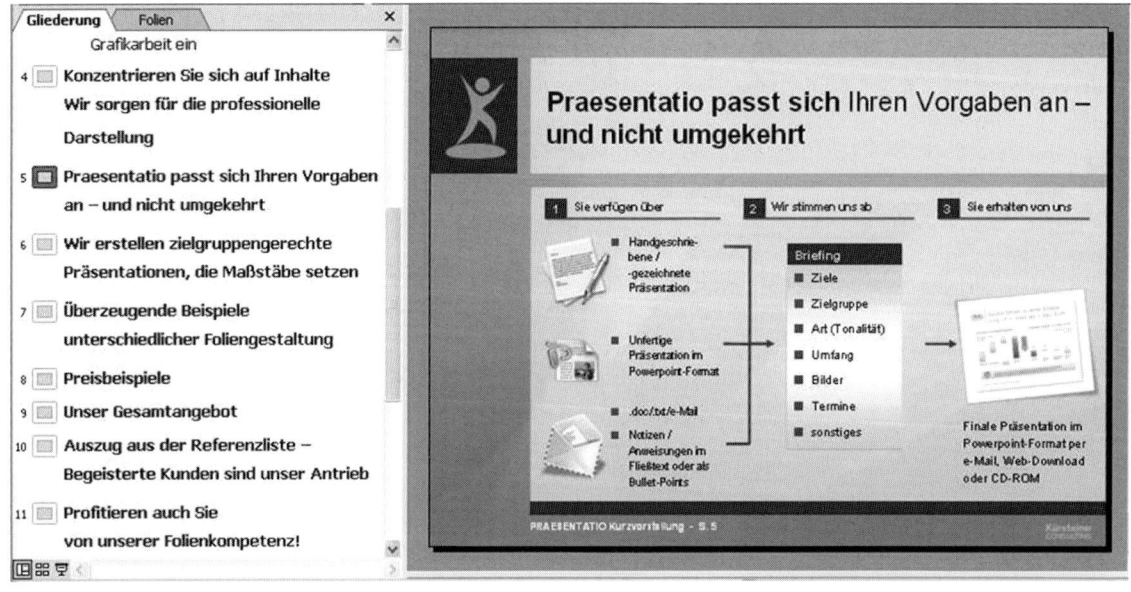

Tipp für Fortgeschrittene:

Präsentieren Sie Ihre Inhalte MECE.

MECE (sprich: »miessie«) steht für *mutually exclusive, collectively exhaustive* (überschneidungsfrei und vollständig). Wenn Sie ein Thema vortragen, achten Sie darauf, dass Sie alle relevanten Aspekte des Themas abgedeckt haben (Vollständigkeit) und dass sich gleichzeitig die von Ihnen vorgetragenen Punkte nicht überlagern, dass also keine Redundanzen entstehen (Überschneidungsfreiheit). Die einzelnen Punkte sollten sich unterscheiden und gemeinsam das Ganze bilden. Wenn Sie diese Regel beachten, können Sie davon ausgehen, dass Ihre Struktur alle Teile enthält und dass sich die Elemente inhaltlich nicht überschneiden. Ihre Präsentation MECE zu gestalten, erfordert eine durchdachte und konsistente Struktur. Nutzen Sie Visualisierungstechniken wie den Logikbaum oder das Mindmapping, um sich der Struktur bewusst zu werden.

Tipp für Profis:

Nutzen Sie die Stringenz von Logik- und Strukturbäumen.

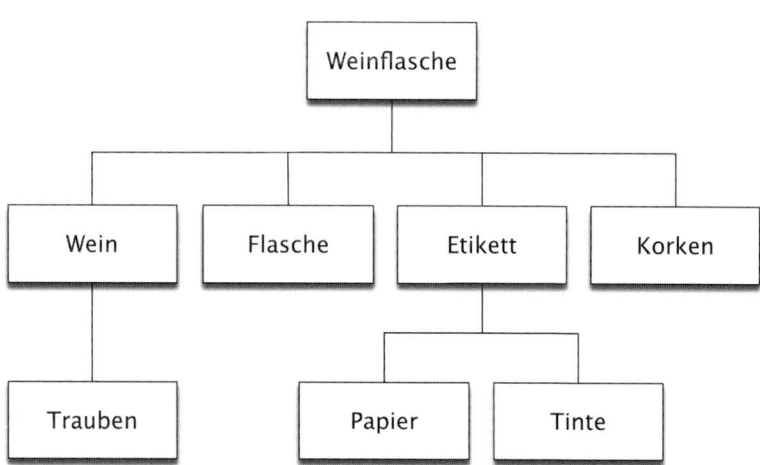

Der Logikbaum bietet einen Diagnoserahmen, der durch die Art der Darstellung hilft, ein Problem in seine Elemente aufzuspalten. Dabei können Sie Logikbäume nutzen, um sich der Gesamtstruktur Ihrer Präsentation bewusst zu werden, oder sie gezielt als Visualisierung einsetzen, um besonders rationale und formell orientierte Zuhörer zu überzeugen. Barbara Minto (2005) differenziert in ihrem Buch zwischen drei grundlegend verschiedenen Logikbäumen.

Darstellung der physischen Struktur. Wenn Sie in Ihrer Präsentation einen Geschäftsprozess untersuchen möchten, können Sie die einzelnen Bestandteile des Prozesses in Form eines physischen Strukturdiagramms darstellen. Wenn Sie beispielsweise beauftragt wurden, eine Risiko- und Qualitätskontrolle Ihrer Prozesse vorzunehmen, hilft Ihnen die Visualisierung der Handlungsabläufe, um risikobehaftete Variablen zu identifizieren. Diese sind ausschlaggebend für die Qualität der Dienstleistungen. Die folgende Abbildung bildet zum Beispiel das formelle Eröffnungsverfahren für ein Konto bei einer Direktbank ab. In jedem Schritt dieses Verfahrens kann unter bestimmten Umständen ein Qualitätsverlust eintreten. Hier zeigt sich sehr gut, wie sich mithilfe des nach physischer Struktur gegliederten Logikbaums mögliche Störeinflüsse identifizieren lassen.

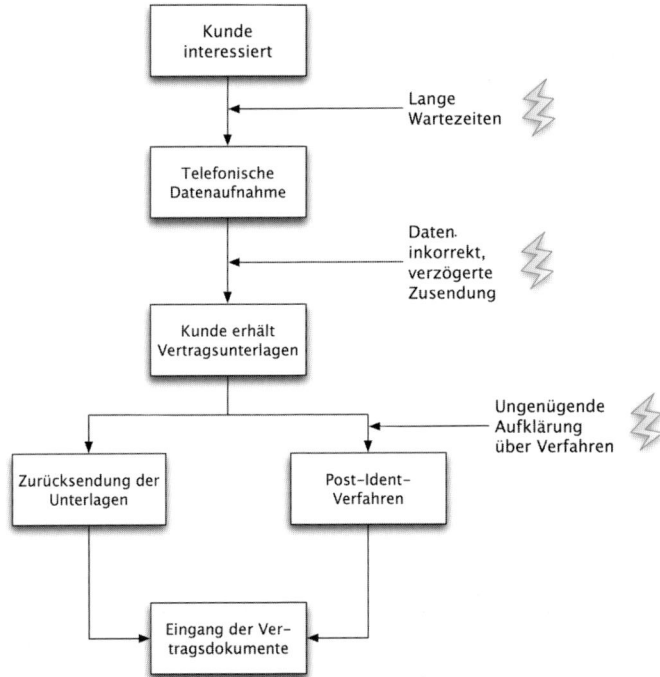

Darstellung von Ursache und Wirkung. Hier können verschiedene Ursache-Wirkungs-Ketten untersucht werden. So können Sie beispielsweise die Aufgabenstruktur, die Tätigkeitsstruktur oder die Finanzstruktur eines Unternehmens in einem Logikbaum darstellen.

- Die **Aufgabenstruktur** zeigt die wichtigen Aufgaben einer Organisation, die erledigt werden müssen, um die angestrebte Leistung zu erbringen.
  Das folgende Beispiel zeigt, wie ein Logikbaum möglicherweise aufgebaut sein kann, der Maßnahmen und Schritte zur Gewichtsreduzierung aufzeigt. In diesem vereinfachten Beispiel wurde das MECE-Prinzip (s. S. 37) nicht bis ins Letzte berücksichtigt. Selbstverständlich ist eine Gewichtsreduzierung auch durch andere, weitaus drastischere Maßnahmen möglich. Diese bleiben hier bewusst unberücksichtigt.

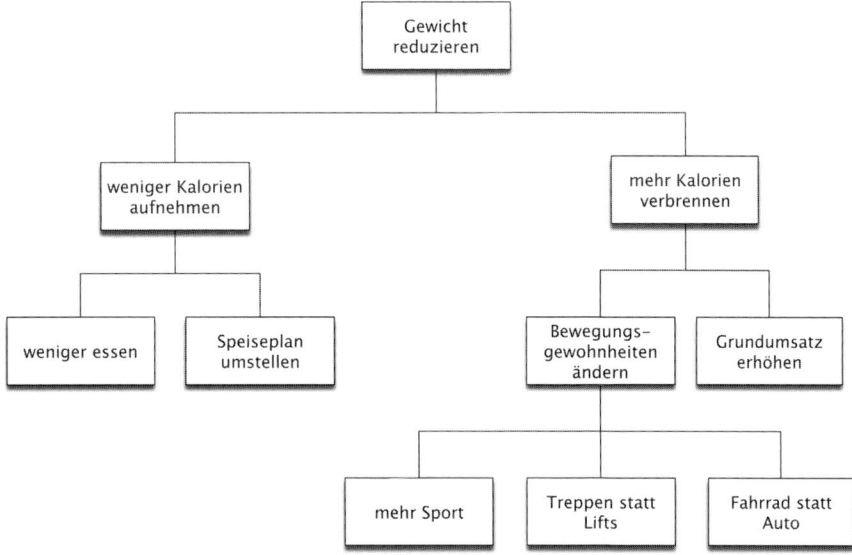

- Darstellung einer **Finanzstruktur.** Diese Methode würde zur Anwendung kommen, wenn Sie die finanzielle Struktur einer Firma aufzeigen wollen, beispielsweise die Einflussfaktoren, die auf das Geschäftsergebnis wirken. Das abgedruckte Beispiel zeigt eine Finanzstrukturanalyse, die die Hauptdeterminanten des Profits aufführt.

Ihnen wird auffallen, dass sich die Finanzstruktur von den anderen Arten dahingehend unterscheidet, dass Erstere auch Operatoren zwischen den Elementen zulässt.

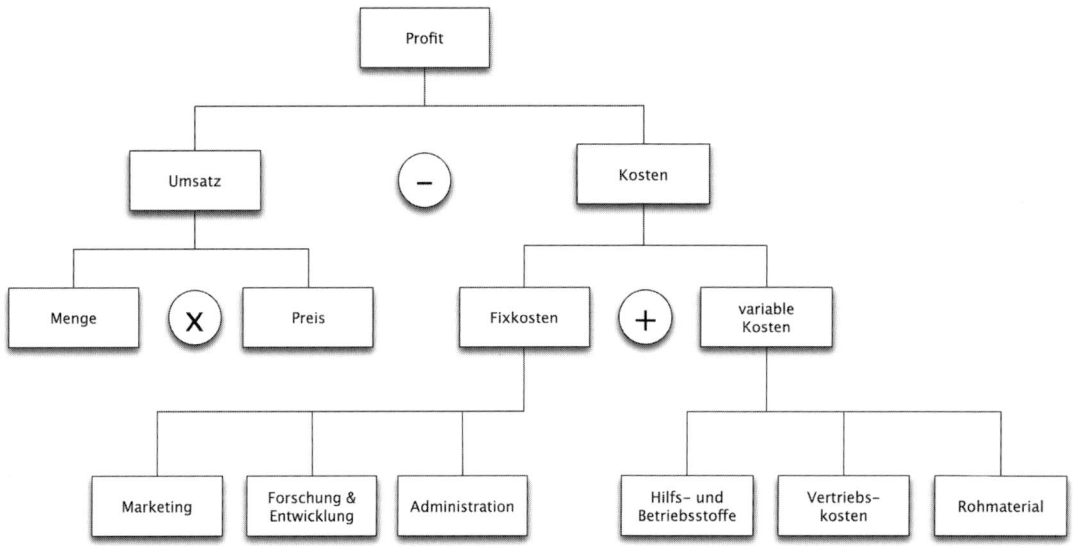

- Darstellung einer **Tätigkeitsstruktur**. Ein nach Tätigkeitsstruktur gegliederter Logikbaum eignet sich dazu, die Aktionen nachzuvollziehen, die zu unerwünschten Konsequenzen führten. Es geht darum, alle Ursachen zu identifizieren, die den unerwünschten Effekt verursacht haben können, und diese in Kategorien zu ordnen. Im folgenden Beispiel wird untersucht, warum zu wenige Aufträge eingehen.

Kategorisierung ähnlicher Faktoren. Dies ist die dritte Möglichkeit eines Logikbaums. Mögliche Fehlerquellen können beispielsweise nach Ähnlichkeit geordnet werden.

Zum Beispiel: »Der Fehler wurde verursacht durch Faktoren in den Bereichen: Mensch, Maschine, Material, …«

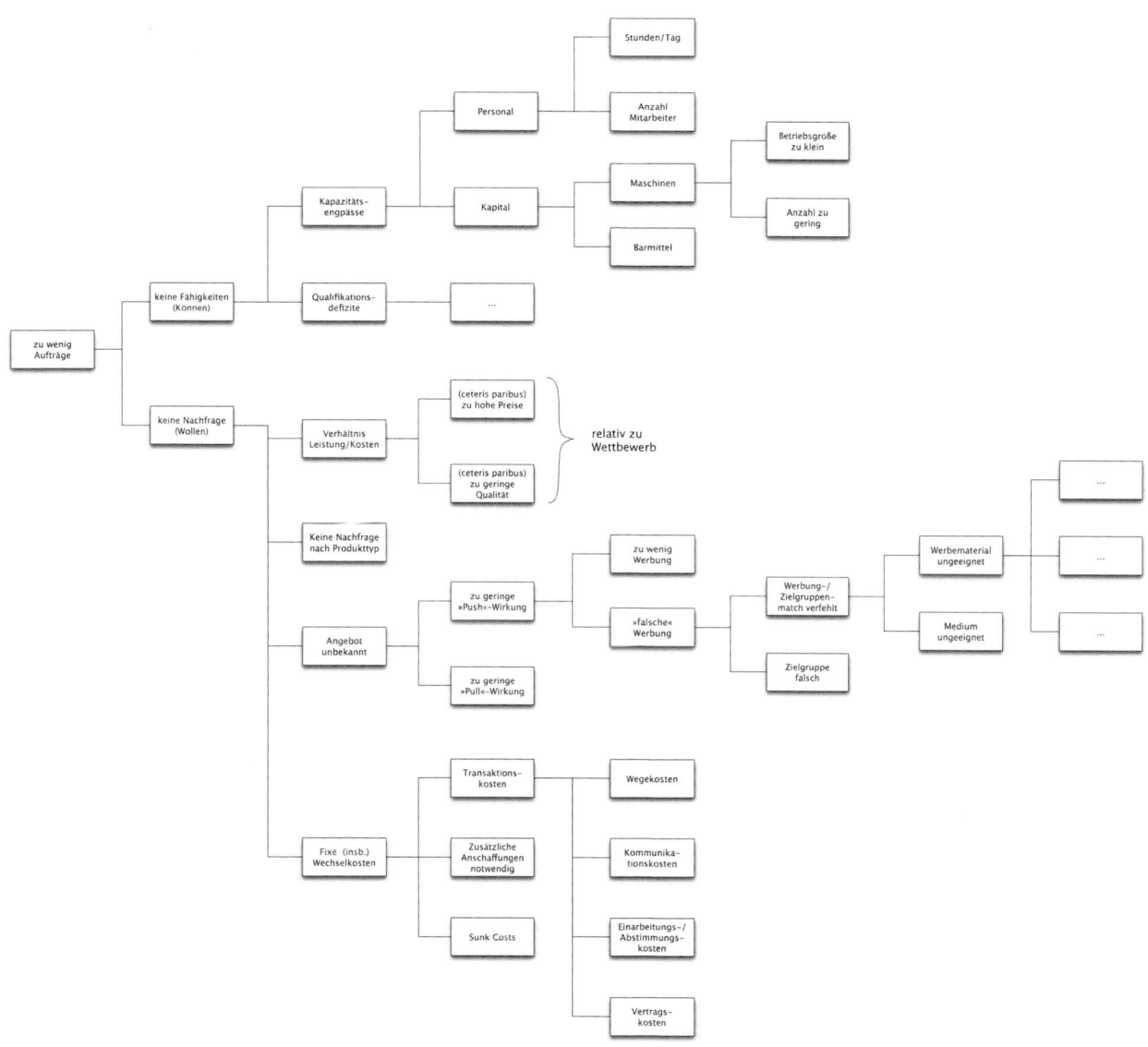

Die passende Struktur hilft Ihnen, den »roten Faden« zu behalten, und Ihr Publikum unterstützt sie dabei, Ihnen aufmerksam zu folgen.

Der Anfang prägt – das Ende haftet

Tipp für Einsteiger:

Planen Sie Anfang und Ende mit besonderer Genauigkeit.

Achten Sie unbedingt auf einen gelungenen Anfang und Abschluss Ihres Vortrages! Denken Sie stets daran: Sie haben keine zweite Chance für den ersten Eindruck! Bereits in den ersten Minuten festigt sich das erste Meinungsbild zu Ihnen als Vortragendem. Die Zuhörer legen unbewusst fest, mit welcher innerer Einstellung sie den weiteren Vortrag verfolgen werden.

Nach einem gelungenen Anfang sinkt Ihr Lampenfieber meist sehr schnell. Am Anfang und Ende sollten Sie darauf achten, dass es glatt läuft. Üben Sie den Anfang und das Ende in einer Art Generalprobe und beachten Sie das Sprichwort: »Der Anfang prägt – das Ende haftet«.

Experimentalpsychologische Studien haben herausgefunden, dass besonders der Anfang und das Ende einer Lerneinheit besser erinnert werden als der Inhalt, der in der Mitte präsentiert wurde. Die Erinnerungsleistung ähnelt qualitativ dem Diagramm, das auf Seite 43 abgedruckt ist. Doch nicht nur das Erinnerungsvermögen, auch das bleibende Gefühl, das sich nach Ihrem Auftritt einstellt, wird maßgeblich vom Abschluss beeinflusst.

Aus dieser Erkenntnis folgt die Empfehlung, insbesondere das Ende mit einem besonderen Abschluss zu krönen. Wie bedauernswert wäre es, wenn sich bei Ihrem Zuhörerkreis trotz erstklassiger und emotional mitreißender Präsentation das Gefühl von sachlicher Ernüchterung breitmacht? Formen Sie das Ende zu einem Höhepunkt.

Behalten Sie bis zum Schluss das Ruder in der Hand. Denken Sie daran: Sie sind derjenige, der die Veranstaltung beendet! Sollte nach Ihrer Rede ein weiterer Teil folgen, so beenden Sie deutlich Ihren Part, um den Zuhörern eine Orientierung zu geben und einen Schlusspunkt zu markieren.

Und noch etwas: Genießen Sie Ihren Applaus!

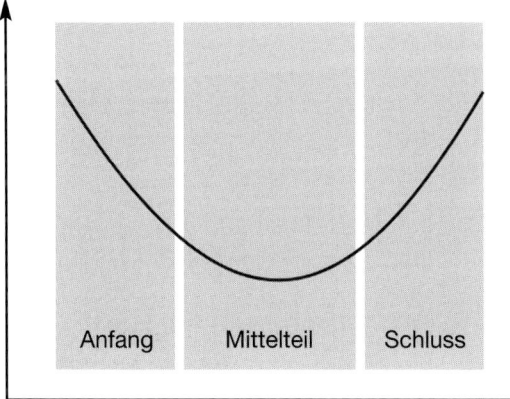

Erinnerungs-
vermögen

Anfang   Mittelteil   Schluss

Präsentationsphase

Tipp für Fortgeschrittene:

Finden Sie einen gelungenen Einstieg in Ihre Präsentation, erstellen Sie die Einleitung aber erst zum Schluss!

Ein effektvoller Einstieg in Ihre Präsentation schafft ein gewisses Maß an »Vertrauensvorschuss«, weckt Erwartungen und aktiviert teilnahmslose und skeptische Zuhörer.

Ihnen stehen folgende Möglichkeiten offen, Ihren Vortrag einzuleiten:

- Erzählen Sie die Vorgeschichte zur Präsentation!
- Beginnen Sie mit einer Demonstration!
- Zeigen Sie eine nette oder witzige Folie!
- Berichten Sie zu Beginn von einem aktuellen Ereignis!
- Nennen Sie ein Zitat oder ein Motto, das zum Thema passt!
- Erzählen Sie einen Witz oder eine kleine Anekdote!
- Greifen Sie vorangegangene Reden auf!
- Beginnen Sie mit einer Behauptung oder These!

Um eine Einleitung zu erstellen, müssen Sie wissen, was Sie einleiten wollen. Erst wenn Sie den Hauptteil und den Schluss Ihres Vortrages geplant haben, verfügen Sie über die notwendigen Informationen, um eine gute Einleitung zu erstellen. Befassen Sie sich mit ihr also erst ganz zum Schluss.

Tipp für Fortgeschrittene:

Planen Sie einen besonderen Höhepunkt für den Schluss.

Nach einer guten Darbietung erwartet man als Zuschauer auch einen packenden Abschluss. Ein guter Schluss muss sorgfältig vorbereitet sein. Er sollte für den Zuhörer als solcher eindeutig erkennbar sein.

Die Auswahl des Inhalts, die Gestaltung der Folien und die Formulierung der Aussagen, die Sie gegen Ende Ihrer Präsentation vortragen wollen, erfordert Fingerspitzengefühl: Zum einen sollten Sie Ihrem Zuhörerkreis stets Orientierung über den Verlauf der Präsentation verschaffen, zum anderen sollten Sie gerade bei einer längeren oder fachlich anspruchsvollen Präsentation tunlichst vermeiden, jede Art von »Aufbruchstimmung« aufkommen zu lassen.

Ein Satz wie: »Ich komme nun zum letzten Punkt!« gibt den Zuhörern eine Orientierung. Machen Sie bitte auf keinen Fall den Fehler, dem letzten Punkt noch einen Allerletzten hinzuzufügen. Es gibt für einen Zuhörer wohl kaum etwas Unangenehmeres, als dass ein Vortragender bereits zum fünften Mal das Ende ankündigt.

Beginnen Sie pünktlich und enden Sie pünktlich. Die Zuhörer werden es Ihnen danken.

Rahmenbedingungen und Technik

Tipp für Einsteiger:

Schaffen Sie im Vorfeld Rahmenbedingungen, mit denen Sie sich wohlfühlen.

Die Rahmenbedingungen beziehen sich in erster Linie auf die räumlichen Gegebenheiten. Indem Sie sich im Vorhinein eine Checkliste bereitlegen, auf der Sie die wesentlichen Punkte abhaken, können Sie sichergehen, dass Sie keine wesentlichen Aspekte übersehen haben.

Natürlich können Sie nicht immer die Rahmenbedingungen schaffen, die Sie sich wünschen, aber meistens kann man als Vortragender mitgestalten. Und wenn die Rahmenbedingungen feststehen, können Sie sich entweder damit arrangieren oder den Vortrag ablehnen.

Das Wichtigste ist, dass Sie sich auf die Gegebenheiten einstellen. Sie sollten bereits im Vorfeld dafür sorgen, dass Ihnen unliebsame Überraschungen erspart bleiben. Wenn Sie beispielsweise ein Rednerpult benötigen, um sich sicher zu fühlen, dann sollten Sie dieses rechtzeitig organisieren. Wenn Ihnen Ihre Bedürfnisse vorher klar sind, dann gibt es am Vortragstag auch keine unangenehmen Überraschungen.

Nachfolgend finden Sie eine Checkliste der wichtigsten Fragen, die Sie sich vor einer geplanten Präsentation stellen sollten. Für Sie als Leser dieses Buches ist eine erweiterbare Version als Word-Dokument sowohl unter **www.beltz.de** als auch unter **www.vortragen.de** hinterlegt.

Verwenden Sie als Kennwort: **36473**.

Checkliste Raum und Technik

Ort und Termin

- Wo findet die Präsentation statt?
- Um wie viel Uhr beginnt die Präsentation?
- Ab wie viel Uhr können Sie sich im Raum vorbereiten?
- Was findet davor statt?
- Was findet danach statt?
- Ab wann sind die Teilnehmer im Raum?
- Wann muss der Raum nach der Präsentation wieder geräumt sein?

Raum

- Wie groß ist der Raum?
- Wie ist die Bestuhlung?
- Identifizieren Sie Ihren Standort neben oder unter der Leinwand, der von allen potenziellen Plätzen einsehbar ist.
- Gibt es einen Techniker, der zur Verfügung steht? Telefonnummer?
- Wie sind die Lichtverhältnisse?
- Gibt es Störgeräusche? Können diese abgestellt werden?
- Wie ist die Akustik des Raumes?
- Wie ist die Temperatur des Raumes?
- Wie funktioniert die Klimaanlage?

Technik

- Welche Medien stehen zur Verfügung?
- Wie ist die Leinwand angebracht?
- Kann ein Mikrofon genutzt werden und ist dieses in Anbetracht der Raumakustik und der erwarteten Zuhörerzahl notwendig? Welche Art von Mikrofon ist vorhanden?
- Existiert ein eingebautes Audiosystem, auf das Sie zurückgreifen können?
- Funktioniert das Anschließen Ihrer Audioquelle oder Ihres Laptops an das in den Raum integrierte Audiosystem?
- Ist ein Projektor verfügbar?
- Welches sind die wichtigsten Funktionen des Projektors und wie wird zwischen den einzelnen Modi umgeschaltet?
- Wer ist der Ansprechpartner für die Buchung und Verwaltung, wer für die Technik und Einrichtung im Raum?
- Wie sind die Ansprechpartner in Notfällen erreichbar?

Tipp für Einsteiger:

Nutzen Sie die Vorteile unterschiedlicher Medien.

»Form follows function«: Ausgehend von dem, was Sie dem Publikum mitteilen wollen, sollten Sie Ihr Medium wählen. Außerdem hängt die Medienwahl von den Erwartungen und Erfahrungen Ihrer Zuschauer ab. Eher konservativ gesinnte Anwesende werden den Einsatz von modernen, reizintensiven Medien nicht immer so befürworten wie Mitarbeiter eines High-Tech-Unternehmens oder Internet-Startups.

Nutzen Sie also jeweils angemessene Medien und Mittel, die Ihr Gesagtes unterstützen. Bei einem Fachvortrag vor Fachpublikum kann der Unterhaltungswert nur ein Randaspekt sein. Vielmehr geht es darum, die Zuhörer zu informieren oder von etwas zu überzeugen.

In Reden wird der Einsatz von Medien auch zukünftig nur eine untergeordnete Rolle spielen. Gezielt eingesetzt kann eine Folie oder ein Gegenstand zur Demonstration allerdings besondere Aufmerksamkeit wecken.

In Präsentationen hingegen können und sollten Medien verstärkt zum Einsatz kommen, sofern sie zu der Vermittlung der Inhalte beitragen und nicht ablenken. Beispielsweise helfen sparsam eingesetzte Visualisierungen, das Gesagte in den richtigen Kontext zu setzen. Auch die Erinnerung an den Inhalt wird erleichtert, wenn grafische Hilfsmittel verwendet werden.

»Spontanitätspunkte« sammeln Sie, wenn Sie während eines Vortrages Sachverhalte an der Tafel oder am Flipchart erläutern.

Bei einer Rede ist dies eher ungewöhnlich. Nehmen die Medien einen größeren Bestandteil der Darbietung ein, so geht der Vortrag fließend in eine Präsentation über. Bei einer Präsentation haben Sie die Wahl zwischen Folien, Flipchartbogen, Produktblättern, Infoblättern, Demonstrationen, Multimedia-Effekten, Videos, Dias, Fotos, Postern, Zeichnungen, Plänen, Zaubertricks und vieles mehr. Wenn Sie verschiedene Medien gezielt einsetzen, sorgt dies für Abwechslung. Auch hier ist das »gesunde Mittelmaß« entscheidend: Wenn Sie zu viele verschiedene Medien einsetzen, könnten Ihre Zuhörer von den vielen Medienwechseln genervt sein. Wählen Sie Ihre Medien also stets mit Bedacht aus.

In Tagungsstätten können Sie sich in der Regel einfach Projektoren, Flipcharts, Pinnwände oder Whiteboards ausleihen. Überprüfen Sie aber vorher die Preise. Manche Hotels oder Clubs nehmen exorbitante Preise für einen Projektor, während ein lokaler Anbieter nur einen Bruchteil davon berechnen würde.

Tipp für Einsteiger:

Nutzen Sie das Angebot externer Vortragstechnik.

Audio- und Video-Installationen direkt von der Einrichtung zu nutzen hat den Vorteil, dass die Verkabelung meistens schon existiert und korrekt funktioniert. So haben Sie den Kopf frei für Ihren Vortrag und müssen sich nicht mit technischen Belangen herumschlagen. Sie sollten sich dabei nur auf zuverlässige Partner verlassen und die Bestellung unbedingt schriftlich tätigen. Ich habe schon erlebt, dass selbst das kurzfristige Besorgen eines Verlängerungskabels für ein 4-Sterne-Hotel ein Problem darstellte und mich schon ins Schwitzen brachte.

Sofern Sie beabsichtigen, regelmäßig Präsentationen zu halten, und Ihre Firma Vortragstechnikzubehör nicht bereitstellen kann, sollten Sie sich selbst mit geeigneter Technik und Medien ausstatten. Die Funkmaus (Presenter) gehört auf jeden Fall zur Basisausstattung eines Vortragenden.

Bei wichtigen Präsentationen, Reden und Vorträgen sollten Sie die Vortragstechnik bereits am Tag zuvor bereitstellen und ausgiebig testen. So können Sie Überraschungen und Stress am darauffolgenden Tag vermeiden.

Wenn Sie häufig die Tagungsorte wechseln und Sie auf besonderes Equipment angewiesen sind, sollten Sie eine eigene Checkliste für den Veranstalter erstellen, welche die wichtigsten Details über Ihre Vortrags-Setups enthält. Diese Checkliste sollte die Anzahl an benötigten Stromanschlüssen, die Audiospezifikationen, die Videoanschlüsse und Ähnliches enthalten. Diese Angaben können Sie dann der Raumreservierung beilegen. Das hilft nicht nur den zuständigen Technikern, sondern ist auch eine langfristige Vereinfachung bei der Buchung Ihrer Tagungsorte.

Tipp für Profis:

Nutzen Sie den Überraschungseffekt antiquarischer Medien.

Egal, ob Sie sich eine Podiumsdiskussion anschauen oder einem akademischen Vortrag beiwohnen wollen, in einer Hauptversammlung einer börsennotierten Aktiengesellschaft sitzen oder sich für ein Seminar angemeldet haben, Sie werden häufig dem Einsatz von PowerPoint begegnen. Für Sie als Vortragendem ist dies eine Chance. Sie können die Erwartungen des Publikums in einer anderen Art und Weise übertreffen: Nutzen Sie die Magie antiquarischer Medien.

Medien also, die von fortschrittlicheren, moderneren Techniken verdrängt wurden.

Ein wohlüberlegtes, einfaches und klares Tafelbild, das Sachverhalte auf den Punkt bringt, ohne weitere störende Komplexität zu schaffen, ist in manchen Situationen mehr wert als eine noch so umfangreiche PowerPoint-Folie.

Die folgenden Grundregeln sollten Sie beim Einsatz der Tafel beachten:

- Überprüfen Sie die Lesbarkeit Ihrer Handschrift.
- Üben Sie sich vorher in Schönschrift – in Groß- und Kleinbuchstaben.
- Überlegen Sie sich vorab eine Gliederung.
- Planen Sie im Vorfeld das gesamte Tafelbild.
- Setzen Sie die Tafel für spontane Zwecke ein - oder lassen Sie es so wirken.
- Sprechen Sie nicht zur Tafel, sondern in Richtung Ihres Publikums.
- Schreiben Sie nur auf die trockene Tafel.
- Überprüfen Sie außerdem die Spiegelungen, die einstrahlendes Sonnenlicht verursachen kann.

Ein weiteres antiquarisches, aber auch sehr effektvolles Instrument ist die Pinnwand. Vor allem bei Seminaren oder Präsentationen vor kleinen Gruppen, bei denen eine Brainstorming-Sitzung durchgeführt werden soll, eignet sich die Pinnwand gemeinsam mit farbigen Kartonkärtchen besonders gut. Beachten Sie in diesem Fall allerdings folgende Hinweise:

- Bespannen Sie die Pinnwand vor der Nutzung mit Packpapier.
- Setzen Sie verschiedene Farben gezielt ein.
- Pro Karte sollte nur eine Nachricht transportiert werden.
- Der Pinnwandeinsatz eignet sich hervorragend zum Sammeln verschiedener Ideen.
- Ignorieren Sie keine Karte.
- Beschriften Sie eigene Karten bereits vorher.

Sie können ebenso einen mit Endlosfolie bespannten Overheadprojektor für eindrucksvolle Effekte nutzen: Legen Sie sich farbige Folienstifte bereit, legen Sie ein Strukturdiagramm auf den Overheadprojektor und ergänzen Sie das aufgelegte Bild ad hoc.

Hier sollten Sie die folgenden Grundregeln beachten:

- Packen Sie immer eine Ersatzbirne ein.
- Sofern Sie Folien für die Präsentation vorbereiten und diese nicht während

des Vortrages ad hoc anfertigen, prüfen Sie, wie die Farben auf dem Projektor wirken.

- Verwenden Sie nur eine Folie pro Thema.
- Schreiben Sie ordentlich und in Druckbuchstaben.
- Setzen Sie nur wenige Folien ein.
- Erstellen Sie keine »Wandzeitung«, sondern schreiben Sie mindestens in Punktgröße 24.
- Schauen Sie beim Präsentieren auf den Overheadprojektor und zum Publikum, nicht zur Wand.

Tipp für Einsteiger:

Beachten Sie das 1x1 der Flipchartnutzung.

Flipcharts sind neben Whiteboards eines der wenigen Elemente, die seit Langem und bis heute in fast allen Seminarräumen zu finden sind. Der Nachfolger der konventionellen Tafel hat viele Vorteile. Flipcharts sind im Gegensatz zu Projektoren und Notebooks unempfindlich gegenüber technischen Problemen, da sie keine Elektrizität benötigen. Sowohl der geringe Anschaffungspreis als auch die variablen Kosten der Nutzung sind vergleichsweise gering. Auch Farben können hinzugefügt werden. Der größte Vorteil gegenüber Power-Point-Folien, die an die Wand projiziert werden, ist aber die Möglichkeit, Flipchartbogen spontan und flexibel zu erweitern, während Sie die Präsentation halten. Ähnlich wie PowerPoint-Animationen erlaubt Ihnen die Flipchartmethode, Ihre Zuhörer am Aufbau der Grafik teilhaben zu lassen. Gegenüber schlichten PowerPoint-Präsentationen hat das Flipchart allerdings den großen Vorteil, dass die Nutzung persönlich und lebendig wirkt. Zu guter Letzt erlaubt Ihnen die Flipchartnutzung, bereits beschriftete oder bedruckte Flipchartblätter im Raum aufzuhängen. Auf diese Art und Weise können Sie die Präsentationsfläche einfach und flexibel erweitern und die an der Wand hängenden Flipchartblätter als Gedächtnisstütze nutzen.

Die folgenden Tipps haben sich im Geschäftsalltag bewährt:

- Wenn Sie Flipchartbogen im Vorhinein vorbereiten, lassen Sie öfters eine Seite unbeschriftet. So können Sie zusätzliche Details oder Kommentare aus der Zuhörerschaft niederschreiben, ohne längere Zeit zu blättern, um eine freie Seite zu finden.

- Wenn Sie vorhaben, komplexe Grafiken oder Diagramme zu zeichnen, nutzen Sie dünn mit Bleistift vorgezeichnete Vorlagen. Das Publikum wird Ihre vorgezeichneten Illustrationen nicht erkennen, Ihre Zeichnungen werden aber deutlich professioneller ausfallen.

- Sie sollten darüber nachdenken, ob Sie ein Übersichts- und/oder Zusammenfassungsblatt vorbereiten, die Sie an den Anfang (nach der Begrüßungsseite) und/oder das Ende Ihrer Flipchartpräsentation platzieren.

- Ebenso sollten Sie eine Begrüßungsseite vorbereiten, die den Titel Ihres Vortrages oder Ihrer Präsentation darstellt.

- Fotografieren Sie den Inhalt der wichtigsten Blätter, die Sie während der Präsentation erstellt oder vervollständigt haben. So stellen Sie sicher, dass Sie wertvolle Gedanken archivieren. Eventuell sind Ihre Zuhörer auch daran interessiert, eine digitale Mitschrift Ihrer Präsentation zu bekommen. Sie können entweder die Fotografien komprimieren und in eine PDF-Datei umwandeln oder ein Transkript erstellen.

- Nutzen Sie Flipchartpapier, das mit Kästchen ausgestattet ist. Sie sind für Ihre Zuschauer fast unsichtbar, erleichtern Ihnen aber enorm die Arbeit.

- Vermeiden Sie die Farben orange, rosa oder gelb. Ihre Zuhörer werden Probleme haben, diese Farben zu lesen. Beschränken Sie sich auf dunkle, eindeutige und leicht lesbare Farben.

Vorbereitung und Probe

Tipp für Einsteiger:

Dosieren Sie Ihre Übungszeit nach der Wichtigkeit.

Stellen Sie sich die Frage, ob der Vortrag wirklich die Wichtigkeit hat, die Sie ihm beimessen. Stellen Sie sich vor, was im schlimmsten Falle passieren könnte. Den meisten Auftritten weisen wir eine Relevanz zu, die sie gar nicht haben. Wenn Sie sich das bewusst machen, so baut sich Ihr Lampenfieber teilweise wie von selbst ab. Solange Sie davor Angst haben, dass Sie sich mit irgendeiner Äußerung lächerlich machen können, dass Sie sich blamieren, werden Sie nur schwer Ihr Lampenfieber ablegen können. Mit einer inneren Gelassenheit dagegen, wenn Sie über mögliche peinliche Situationen lachen können, haben Sie die besten Chancen, Ihr Lampenfieber in den Griff zu bekommen. Mein Ratschlag: Nehmen Sie sich nicht ganz so ernst.

Sinnvollerweise sollten Sie Ihren Vorbereitungs- und Übungsaufwand nach der Wichtigkeit der Präsentation richten. Halten Sie lediglich einen Gastvortrag vor einer kleinen Zuhörerschaft, die weder über Ihre Karriere noch über Ihre Reputation entscheiden wird, reduzieren Sie die Vorbereitungszeit entsprechend. Bei solchen Gelegenheiten müssen Sie keine 100 Prozent bringen. Vielleicht ist Ihnen die 80/20-Regel bekannt. Sie besagt, dass der Großteil – 80 Prozent des erwünschten Ergebnisses – bereits mit sehr wenig Anstrengung, nämlich 20 Prozent, erreichbar ist. Die letzten Schritte auf dem Weg zur perfekten Präsentation sind die zeitintensivsten. Gleichzeitig bringen sie den geringsten Nutzen. Sparen Sie sich diesen Perfektionismus für wahrhaft relevante Reden, Vorträge und Präsentationen auf.

Völlig unabhängig von der Sorgfalt, mit der Sie eine Präsentation erstellen, wird es nur selten vorkommen, dass eine Präsentation bereits beim ersten Durchgang einwandfrei läuft. Es sind meist Kleinigkeiten, die noch nachgebessert werden müssen. Überarbeiten Sie die Schwachstellen und wiederholen Sie den Probedurchlauf so lange, bis die Präsentation rund ist. Auch dann, wenn Sie

im Nachhinein nur eine einzige Veränderung vornehmen, sollten Sie den Probedurchlauf, zumindest des Teiles, in dem Sie etwas verändert haben, wiederholen. Außerdem bekommen Sie dadurch ein gutes Zeitgefühl für die Dauer.

Tipp für Einsteiger:

Führen Sie bei wichtigen Anlässen eine realitätsnahe Generalprobe durch.

Nutzen Sie diese Generalprobe, um die Gesamtheit auf sich wirken zu lassen und zu kontrollieren, ob die Darbietung in sich stimmig und konsistent ist.

Hier gilt die Formel: »Übung macht den Meister«. Flüssig vorgetragene Reden und Präsentationen sind oft das Resultat von vielen Übungsdurchläufen. Auch gegen die Angst, wichtige Punkte zu vergessen, hilft mehrmaliges Durchsprechen Ihres Vortrages. Obwohl das Ablesen einer Rede von einem Manuskript nur bei sehr geübten Sprechern flüssig und frei erscheint, kann es bei der Generalprobe hilfreich sein. Schlüsselbegriffe und Redephrasen prägen sich ein und werden in den aktiven Sprachschatz übertragen, auf den Sie bei der Rede zurückgreifen können.

Die meisten hören mit der Vorbereitung bereits auf, wenn der Stichwortzettel oder das Manuskript fertig ist. Eine gute Vorbereitung endet aber erst mit der Generalprobe. Bitten Sie einen Kollegen, Ihren Partner, einen Verwandten oder Bekannten zuzuhören, oder, wenn dies nicht möglich ist, sprechen Sie Ihren Vortrag für sich auf Tonband. Heutzutage haben die meisten Digitalkameras eine Videofunktion, die es Ihnen erlaubt, Ihre Vorträge visuell aufzuzeichnen und sich hinsichtlich Körpersprache, Mimik und Gestik zu kontrollieren. Auch viele Notebooks sind inzwischen mit Kameras ausgestattet. Diese können in der Regel längere Sequenzen aufnehmen und abspeichern. Positionieren Sie Ihre Digitalkamera oder Ihr Notebook an einer Stelle, von der die Kamera Ihren ganzen Körper aufzeichnet. Ihre Körpersprache können Sie anschließend eindrucksvoll überprüfen, indem Sie das Video mit doppelter Geschwindigkeit abspielen lassen. Komprimieren und archivieren Sie Ihre Videos über einen längeren Zeitraum, um Fortschritte zu identifizieren und Ihre Motivation zu steigern.

Wenn Sie mindestens einen Zuhörer haben, sollte sich dieser Notizen machen und Ihnen nach dem Vortrag ein Feedback geben. Unterbrechen Sie die Generalprobe aber nicht, sonst ist es nur eine Teilprobe. Eine Generalprobe im Theater wird auch nur im äußersten Notfall unterbrochen. Im Seminar ist immer wieder zu beobachten, wie die Qualität der Vorträge nach der Generalprobe steigt. Die Generalprobe sollte unter gleichen oder zumindest stark ähnlichen Bedingungen stattfinden wie der tatsächliche Vortrag. Wenn möglich, proben Sie an dem Ort, an dem Sie den Vortrag halten werden, und nutzen Sie die komplette Technik und Ihre endgültig vorbereiteten Vortragsnotizen.

Tipp für Fortgeschrittene:

Überprüfen Sie möglichst die Darstellung und Farbauswahl auf dem Projektor.

Es ist wirklich unglaublich, wie stark manchmal die Darstellung auf dem Notebook zu der vom Projektor abweicht. Erst letzte Woche habe ich eine Präsentation gehalten und die Farbe Grün wurde vom Projektor als Rot dargestellt. Farben mit transparenter Abschwächung waren unsichtbar. Unglaublich, aber wahr. Zum Glück passiert das selten, aber es kann vorkommen.

Testen Sie daher möglichst im Voraus, ob die ausgewählten Farben die gewünschte Wirkung entfalten. Diesen Test sollten Sie bei jedem Projektor durchführen, mit dem Sie noch nicht gearbeitet haben. In wichtigen Fällen also lieber den eigenen Projektor mitnehmen.

Auch können die Lichtverhältnisse oder das Material der Leinwand Ihre Darstellung verzerren. Auf Nummer sicher gehen Sie, wenn Sie kontrastreiche, möglichst dunkle Farben wählen und die Schriftgrößenempfehlung einhalten. Helle Schrift auf dunklem Grund ist nur begrenzt empfehlenswert, da viele Menschen Schwierigkeiten haben, diese Negativschrift zu erkennen. Außerdem ist ein verhältnismäßig starker Projektor vonnöten, um diese Art des Layouts korrekt wiedergeben zu können.

Beim Schreiben dieses Buches und beim Coaching von Personen, die sich auf große Präsentationen vorbereiten, ist mir dieser Effekt nochmals ganz klar geworden. Bei anspruchsvollen Präsentationen sind die professionelle Vorbereitung und die exakte Planung entscheidend für den späteren Erfolg. Wenn mehrere Personen an der Präsentation beteiligt sind, wird dies noch deutlicher. Achten Sie deshalb auf ein gutes Zeitmanagement in der Vorbereitungsphase.

Tipp für Einsteiger:

Beachten Sie, dass eine professionelle Vorbereitung meistens 80 Prozent des Erfolges sichert.

Lerntechniken nutzen

Tipp für Fortgeschrittene:

Lernen Sie die wichtigsten Namen, Daten und Fakten auswendig.

Wenn Sie in Ihrem Vortrag mit Zahlen oder Namen punkten wollen, so stellen Sie vorher lieber einmal mehr als zu wenig sicher, dass Sie sie wirklich auswendig können. Falsch ausgesprochene oder verwechselte Namen und unkorrekte Zahlen bieten offene Angriffsflächen für Kritiker. Gehen Sie davon aus, dass jedes Publikum aus skeptischen oder sogar Ihnen feindlich gesinnten Personen bestehen kann. Vermeiden Sie also Eigentore, indem Sie relevante Namen, Daten, Fakten jederzeit korrekt wiedergeben können.

Umsatz

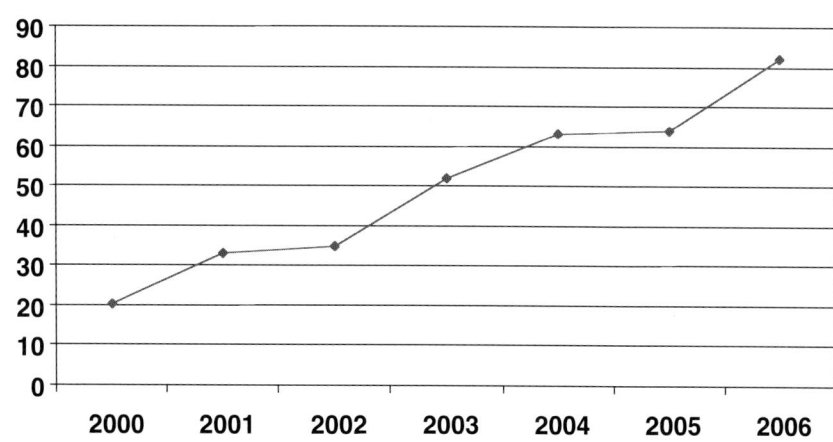

Erst kürzlich erlebte ich eine Rede, in der der Brautvater den Namen des Vaters des Bräutigams nicht mehr wusste. Seine sich rot färbende Gesichtsfarbe verriet eindeutig, dass er sich in dieser Situation unwohl fühlte. Auch ich hätte in der Situation nicht gerne in seiner Haut gesteckt.

Am besten bereiten Sie sich zu Hause ein einseitiges »Cheatsheet« (früher sagte man dazu »Spickzettel«) vor, das alle Angaben und wichtigen Fakten enthält. Dieses können Sie dann auf der Zugfahrt zum Vortrag und/oder unmittelbar vor Ihrem Vortrag noch einmal studieren. Diese Informationen können Sie sich auch auf Karteikarten notieren (s. auch S. 61). – Sie sehen, Spickzettel bewähren sich auch noch nach der Schulzeit.

Tipp für Profis:

Nutzen Sie die Mnemotechnik, um sich Inhalte einzuprägen.

Die Mnemotechnik (Gedächtniskunst) macht sich Fähigkeiten unseres Gedächtnisses zunutze, um Inhalte effizienter einzuprägen. Eine vollständige Erläuterung der Mechanismen finden Sie unter www.gedaechtnistraining.de. Hier konzentrieren wir uns auf die nützlichsten Methoden, die beim Halten von Vorträgen sehr hilfreich sein können.

Auslöser verwenden. Ihr Hirn ruft bestimmte Inhalte ab, sobald es »angetriggert« wird. Trigger können Worte, Bilder, Gerüche oder Emotionen sein. Am besten stellen Sie sich Bilder vor. Diese Trigger (Auslöser) können wir aber auch bewusst platzieren. Zum Beispiel können Sie die Gegenstände in einem Raum als Auslöser verwenden. Entweder der Raum, in dem Sie sich gerade befinden oder ein Raum, in den Sie jederzeit geistig »gehen« können. Beispielsweise sind Sie jetzt in der Lage, sich Ihr Wohnzimmer mit all den wichtigen Gegenständen vorzustellen. Und die Gegenstände des Wohnzimmers könnten Sie nun mit Inhalten eines Vortrages verknüpfen. Auf der Couch sitzt zum Beispiel ein Politiker und das ist der Auslöser für ein bestimmtes politisches Thema. Diese Methode klingt auf den ersten Blick seltsam, ist aber äußerst wirkungsvoll und wird von den Vortragsprofis, Gedächtniskünstlern und Gedächtnistrainern erfolgreich angewendet.

Besonderheiten prägen sich leichter und tiefer ein. Je außergewöhnlicher eine Information oder ein Erlebnis, desto stärker wird Sie Ihnen im Gedächtnis bleiben. Erinnern Sie sich beispielsweise an Ihren letzten Urlaub. Ich wette, dass Ihnen nicht nur der Sandstrand oder die schöne Lage des Hotels in Erinnerung geblieben ist, sondern vor allem ungewöhnliche Ereignisse, unerwartete Geschehnisse, kurz: Außergewöhnliches. Unser Gedächtnis ist so programmiert, dass es einerseits diejenigen Fakten abspeichert, die unser Überleben am ehesten sichern, und andererseits alles, was von der Norm abweicht. Diese Effekte können Sie sich zunutze machen.

Auslöser	Information	Merkgeschichte
Megafon	Auslöser für Bekanntmachungen zum Thema PR-Aktivitäten des Jahres.	Sie haben ein Megafon in der Hand.
Tagungsraum	Maler- und Lackierertag in Wiesbaden.	Mit dem Megafon laufen Sie in den Tagungsraum.
Mappe	Kongressmappe zum Maler- und Lackierertag.	Alle Teilnehmer haben eine Mappe in der Hand.
Kinder	Nachwuchsbroschüre.	Die Mappe geben die Teilnehmer den Kindern.
Fest	Sommerfest des deutschen Handwerks.	Die Kinder gehen alle auf ein Fest.
Briefe	Presseaussendungen.	Auf dem Fest fliegen überall Briefe herum.
Konferenz	Pressekonferenz mit Bundesbildungsminister.	Die Briefe landen direkt auf einem Konferenztisch vor dem Bildungsminister.
T-Shirt	T-Shirt-Wettbewerb.	Der Bildungsminister zieht sein T-Shirt aus.
Geld	Sponsoring.	Das T-Shirt verkauft er für viel Geld.
Lackdose	Zusammenarbeit mit dem Lackverband.	Das Geld kommt zur Aufbewahrung in eine Lackdose.
Radio	Rundfunkwerbung.	Mit dem Lack aus der Lackdose wird ein Radio bemalt.

Tipp für Profis:

Profitieren Sie von der Kettenmethode.

Die »Kettenmethode« bedient sich der genannten Mechanismen. Mit ihr können Gedächtniskünstler schier unendlich lange Begriffsfolgen memorieren, direkt während sie aufgesagt werden.

Der Tipp auf Seite 61 zeigt Ihnen, wie Sie Stichwörter und Karteikarten optimal einsetzen, um den allseits gefürchteten Blackouts vorzubeugen. Ganz auf die Karteikarten können Sie verzichten, wenn Sie sich die Stichworte eingeprägt haben. Die Kettenmethode vereint Elemente aus der Mnemotechnik und hat sich in der Praxis bewährt. Dazu werden die Stichwörter zu einer verrückten, lebendigen Geschichte zusammengefügt. Diese wiederholen Sie nur ein paarmal, dann sitzen die Stichwörter fest in Ihrem Gedächtnis.

Folgende Regeln haben sich für die Kettenmethode bewährt:

- Einen Auslöser für die gesamte Geschichte verwenden.
- Bildhafte Geschichten daraus machen.
- Immer nur zum nächsten Stichwort verbinden, keines überspringen.
- Absurd, komisch und aktiv gestalten.
- Lebendige, aktive Bilder verwenden.

Tipp für Einsteiger:

Lernen Sie den Anfang auswendig.

Das Lampenfieber ist bei den meisten Menschen am Anfang eines Vortrages am größten. Bei den meisten Menschen verstärkt sich das Lampenfieber allerdings noch, wenn anfängliche Versprecher auftreten. Sie unterbrechen diesen Teufelskreis, indem Sie den Anfang Ihres Vortrages auswendig lernen. Ansonsten bin ich gegen das Auswendiglernen von Inhalten. Beim Anfang bringt es aber Sicherheit und sorgt für einen guten Einstieg.

Bei einem Vortrag von einer halben Stunde sollten Sie die ersten drei Minuten wortwörtlich auswendig können. Trainieren Sie dabei nicht nur den Text an sich, sondern auch Betonung und Körpersprache. So vermeiden Sie Versprecher und Unsicherheiten am Anfang.

Sie sollten sich auch von der Angst lösen, Ihr Vortrag könnte gestelzt oder unnatürlich wirken. Bei lediglich drei auswendig gelernten Minuten dürfte dieser Eindruck nicht auftreten beziehungsweise schnell wieder verschwinden. Wenn Ihr Lampenfieber dann verschwunden ist, können Sie ganz natürlich wieder in den frei vorgetragenen Teil Ihres Vortrages wechseln.

Diese Empfehlung ist eine der effektivsten Möglichkeiten zur Bekämpfung von Lampenfieber.

Handout und Manuskript

Tipp für Fortgeschrittene:

Erstellen Sie ein separates Handout.

Entwerfen Sie im Vorfeld ein Dokument, das alle notwendigen Fakten, Erklärungen und Fußnoten enthält. Sie sollten genau überlegen, wann Sie dieses Skript austeilen. Beispielsweise können Sie in Ihrem Vortrag ankündigen, dass ausführliche Notizen oder Mitschriften unnötig sind und dass Sie ein Dokument mit allen wesentlichen Informationen nach dem Vortrag austeilen werden.

Vermeiden sollten Sie Ausdrucke Ihrer Präsentationsfolien. Denn falls Ihre Folien wirklich zum Ausdruck und zum anschließenden Austeilen gedacht wären, wären Sie als Redner überflüssig. Ich bin mir sicher, dass das nicht Ihre Intention sein kann. Ihre besprochenen Inhalte und Ihre Überzeugungskraft als Person sollten überzeugend wirken, nicht der Text auf Ihren Präsentationsfolien. Zusätzlich sichern Sie sich dagegen ab, dass einzelne Ideen oder ganze Teile Ihrer Präsentation unberechtigterweise genutzt werden. Mit einem Handout können Sie weitere Akzente setzen.

Sie sollten unbedingt darauf achten, Ihre Kontaktdaten in das Handout zu integrieren. Dieses Dokument wirkt außerdem wie eine Art Visitenkarte, die die Zuhörer von Ihrem Vortrag mit nach Hause nehmen. Seien Sie also nicht zu sparsam in der Aufbereitung Ihres Handouts. Ein gebundenes Heftchen mit edlem Cover sollte es schon sein. Nicht nur inhaltlich, sondern auch die Gestaltung und das Layout sollten Ihrem Vortrag ähneln. Nur so erscheint Ihre Vorstellung wie »aus einem Guss«.

Eine weitere Möglichkeit, Ihren Vortrag zu planen, ist die Karteikartenmethode. Diese Methode rentiert sich meist erst bei längeren Vorträgen, Präsentationen oder zur Vorbereitung von Seminaren und Schulungen. Nehmen Sie Karteikarten am besten in der Größe DIN A5 bis DIN A7.

Tipp für Einsteiger:

Karteikarten – die elegante Gedächtnisstütze

Auf die Karteikarten schreiben Sie alle Stichwörter, die für Ihren Vortrag von Bedeutung sind. Nutzen Sie Auslöserbegriffe und vermeiden Sie ganze Sätze. So werden Sie nicht in Versuchung kommen, von den Karteikärtchen abzulesen. Schreiben Sie in einer Schriftgröße, die Sie problemlos auch mit gestreckten Armen erkennen können. Je nachdem, welche Schriftart Sie besser erkennen können, nutzen Sie handschriftliche Notizen oder einen Ausdruck.

Ihre Zuhörer werden es Ihnen außerdem danken, wenn Sie nicht in Richtung der Karteikarten sprechen, sondern zum Publikum. Schauen Sie dazu kurz auf die Karte, dann zum Publikum und fangen Sie erst anschließend an zu sprechen. Sie gönnen Ihren Zuhörern dadurch außerdem eine wertvolle Denkpause.

Sie können manche Stichwörter dadurch hervorheben, dass Sie verschiedene Schriftfarben verwenden. Die Karten werden zunächst beschrieben und anschließend in eine sinnvolle Reihenfolge gebracht. Sie können diese entweder direkt als Stichwortzettel verwenden oder als Vorlage für Folien nutzen.

Sie sollten die Karteikarten unbedingt nummerieren. Wenn die Karteikarten einmal herunterfallen sollten, können Sie die Ordnung mit wenigen Handgriffen wiederherstellen. Ein Zusammenheften der Karten ist nicht sinnvoll. Schreiben Sic außerdem nichts auf die Rückseite einer Karteikarte, weil dies unordentlich aussieht und die Zuschauer ablenkt.

Tipp für Profis:

Erstellen Sie in besonderen Fällen ein minutengenaues Manuskript.

In bestimmten Fällen haben Sie vor, eine Präsentation besonders perfekt oder besonders häufig zu halten. In beiden Fällen lohnt es sich, wenn Sie die Wortwahl, die Aussprache und die Körpersprache im Detail erlernen und proben. In solchen Fällen sollten Sie sich ein Probemanuskript zusammenstellen, das die genaue Wortwahl Satz für Satz enthält. Ob Sie dieses detaillierte Manuskript dann mit zum Vortrag nehmen, steht auf einem anderen Blatt. In jedem Falle trainieren Sie, sich Ihrer Worte bewusst zu werden und einen Satzbau zu verwenden, der bis ins letzte Detail durchdacht ist. So geben Sie Ihrem Vortrag den letzten Feinschliff.

Dieser Aufwand lohnt sich allerdings nur für ganz bestimmte Vorträge mit einem besonderen Wert für Sie. Es ist unwahrscheinlich, dass Sie gewillt sind, für jeden Vortrag diese Vorgehensweise zu wählen.

Wenn Sie sich dazu entschieden haben, ein Redemanuskript zu erstellen, sollten Sie dieses auch optimieren: Verbessern und erweitern Sie das Manuskript mit jedem Vortrag, sodass das Manuskript Stück für Stück professioneller wird. Zu guter Letzt sollten Sie die wesentlichen Wörter farbig markieren oder unterstreichen, um sie noch besser in Ihrem Gedächtnis zu verankern und während des tatsächlichen Vortrags auf sie zurückgreifen zu können.

Klammern Sie sich nach Möglichkeit nicht zu sehr an das Manuskript, sondern versuchen Sie, sich davon zu lösen. Wenn Sie alles aufschreiben möchten, erleichtern Sie sich unbedingt das Ablesen: Nehmen Sie eine deutlich größere Schriftgröße als bei normalen Schriftsätzen, wählen Sie einen 1,5-fachen Zeilenabstand. Sie benötigen dann zwar mehr Papier, aber dies erleichtert Ihnen dafür das schnelle Ablesen erheblich. Es ist außerdem empfehlenswert, alle Sätze vorne mit einer neuen Zeile zu beginnen und nach Absätzen eine Freizeile zu lassen.

Dateienmanagement

Tipp für Profis:

Setzen Sie die Autosave-Funktion auf drei Minuten.

In meiner beruflichen Laufbahn ist mir mein Computer bereits unzählige Male abgestürzt. Man käme auf eine beachtliche Summe, würde man die Zeit und auch den Schaden oder die entgangenen Erlöse zusammenrechnen. Nachdem wir mittlerweile über 20 Jahre mit dem Computer arbeiten, sollten solche Ausfälle eigentlich zurückgehen. Moderne Back-up-Systeme und Programmfunktionen erlauben es uns, Datenverluste zu vermeiden. Auch PowerPoint hat eine eingebaute Funktion, die in regelmäßigen Abständen Sicherheitskopien Ihrer Präsentation anfertigt.

Heutige Computer sind leistungsstark genug, um die aktuelle Präsentation in kurzen Zyklen abzuspeichern. Auf lange Sicht sparen Sie sich gegenüber der deaktivierten Autosave-Funktion Tage und gegenüber der standardmäßig auf zehn Minuten gesetzten Autosave-Funktion Stunden verlorener Arbeitszeit, wenn Sie die Autosave-Funktion auf drei Minuten einstellen.

Aber auch die automatische Speicherfunktion von PowerPoint schützt Sie nicht vollständig vor Datenverlust. Sie sollten daher die Funktion des automatischen Abspeicherns mit einer Versionierung Ihrer Dateien kombinieren.

Tipp für Einsteiger:

Nutzen Sie Dateikonventionen und Versionierungen zur Sicherheit und um den Überblick zu bewahren.

Mit der Einführung des Betriebssystems Microsoft Windows 95 wurde auch die Konvention gebrochen, Dateinamen auf acht Zeichen zu beschränken.

Inzwischen erlauben uns die Programme, sowohl am PC als auch am Mac, sinnvolle Dateibezeichnungen anstelle kryptischer Abkürzungen zu verwenden.

Gleichzeitig steigt das Datenvolumen auf unseren Festplatten enorm. Wenn Sie an vielen Präsentationen oder anderen Dateien gleichzeitig arbeiten, sollten Sie sich eine geeignete Ordnerstruktur und Dateikonventionen überlegen. Bewährt hat es sich, sowohl die Dateiversion als auch das Änderungsdatum in den Dateinamen zu integrieren.

Sie können entweder das Datum voranstellen oder dem Dateinamen nachlagern. Das vorangestellte Datum in dem Format »Jahr, Monat, Tag« (in Ziffern, nicht in Wörtern oder Abkürzungen) hat den Vorteil, dass die Dateien in der normalen Ordneransicht auf einen Klick chronologisch angezeigt werden. Der Nachteil dieser Konvention ist hingegen, dass die Übersichtlichkeit abnimmt, wenn Sie viele Dateien im gleichen Ordner abspeichern.

Unzweifelhaft ist hingegen der Vorteil, Dateizwischenstände jeweils mit einer neuen Dateiversion abzuspeichern. Wenn Sie intensiv an einer Präsentation arbeiten, sollten Sie vor großen Änderungen, spätestens jedoch nach einer Stunde eine neuere Versionsnummer vergeben.

So sind Sie auch auf der sicheren Seite, wenn Sie die Datei überschreiben oder große Änderungen durchführen, die Sie nicht rückgängig machen können. Das leidige Problem mit korrupten Dateien umgehen Sie mit dieser Methode ebenfalls: Wenn eine Festplatte unbekannte, fehlerhafte Sektoren aufweist, und PowerPoint auf diesen Sektoren Ihre Datei abspeichern möchte, so kann diese später nicht mehr geladen werden. Wenn Sie regelmäßig neue Dateiversionen abspeichern, können Sie problemlos auf die vorherige Version zurückgreifen und somit den entstandenen Schaden minimieren. Im Zweifelsfall verlieren Sie nicht mehr als eine einzige Stunde Arbeit anstatt einen ganzen Tag oder gar Wochen.

Folienerstellung

Das Erstellen von professionellen Folien ist eine handwerkliche Kunst mit Einflüssen aus der Struktur, dem Design, den Vorgaben, der Zielsetzung und den Inhalten selbst. Leider werden sowohl die Zeit für das Anfertigen der Folien als auch die Anforderungen an die Ersteller von vielen Führungskräften unterschätzt. In diesem Kapitel finden Sie die wichtigsten Tipps und Tricks, damit Sie zukünftig professionelle Folien erstellen und dies möglichst zeitsparend tun können.

Grundlagen des Layouts

Wie viele Folien sind erlaubt? Diese Frage lässt sich leider nicht eindeutig beantworten, da verschiedene Faktoren eine Rolle spielen. So ist zum Beispiel entscheidend, wie viele Informationen auf den einzelnen Folien dargestellt werden und ob der Inhalt schwer oder leicht verständlich ist.

Tipp für Einsteiger:

Verwenden Sie so viele Folien wie notwendig und so wenige wie möglich.

Außerdem hängt die gesamte Anzahl an Folien von der Länge Ihres Vortrags oder Ihrer Präsentation ab. Sie gewinnen nur wenige Zuhörer für sich, wenn Sie die Folien alle 30 Sekunden wechseln. Dermaßen häufige Folienübergänge verwirren Ihre Zuhörer eher, als dass sie Gesagtes unterstützen.

Da Bilder weitaus besser und schneller verarbeitet werden können, sind bei guten Visualisierungen mehr Folien angebracht als bei reinen Schriftfolien. Wenn Sie nur sehr wenige Inhalte pro Folie verwenden, beispielsweise nur ein Diagramm oder ein emotionalisierendes Foto, sind häufige Folienwechsel ebenfalls legitim. Eine mehrfach erscheinende Übersichtsfolie, die dem Zuhörer hilft, sich zu orientieren, wird in der Regel als Entlastung, nicht als zusätzliche Belastung von den Zuhörern gewertet.

Tipp für Einsteiger:

Konzentrieren Sie den Folieninhalt auf die jeweilige Hauptaussage

Der wichtigste Punkt bei der Auswahl der Inhalte für Ihren Vortrag ist, dass Sie nur die Inhalte präsentieren, die genau für diese Zielgruppe von Bedeutung sind. Oftmals überladen Redner ihren Vortrag mit Detailinformationen, welche die Zuhörer eher langweilen und die sie zudem den Faden verlieren lassen.

Stellen Sie daher auf den Folien ausschließlich die absolut notwendigen Informationen dar. In vielen Fällen werden Folien mit unnötigen Informationen überfrachtet. Auf mehrmaliges Nachfragen stellt sich beispielsweise heraus, dass von den dargestellten Zahlen über die Hälfte nur schmückendes Beiwerk ist. Eine Folie ist nicht dann gut, wenn Sie dem Inhalt nichts mehr hinzufügen können, sondern wenn Sie nichts mehr weglassen können.

Präsentieren Sie außerdem nur eine Kernaussage pro Folie. Jede Folie sollte also mit einer wichtigen Kernaussage verknüpft sein. Wenn Sie diese Kernaussagen nun aneinanderreihen, ist es für Sie recht einfach, die Struktur und den logischen Aufbau Ihres Vortrages zu überprüfen.

Tipp für Einsteiger:

Gestalten Sie Ihre Folien so, dass Sie auf Hilfsmittel wie Zeigestab und Laserpointer getrost verzichten können.

Wenn Sie den genannten Tipp beherzigt haben, gestalten Sie Ihre Folien bereits übersichtlich und selbsterklärend. Gut strukturierte, nicht überfrachtete und sinnvoll visualisierte Folien sollten die Benutzung eines Laserpointers oder eines Zeigestabs überflüssig machen.

Einzelne Elemente können Sie beispielsweise durch Animationen oder durch eine zweckmäßige Foliengestaltung hervorheben. Auch den Mauszeiger können Sie einsetzen, um ad hoc auf gewisse Elemente zu zeigen. PowerPoint bietet Ihnen hier eine Fülle von Möglichkeiten. Sie können mit dem Mauspfeil auf die gewünschten Objekte zeigen oder mit der Maus handschriftliche Anmerkungen direkt auf die Folie schreiben. In der Präsentationsansicht gelangen Sie mit einem Klick mit der rechten Maustaste und »Zeigeroptionen« zu dieser Funktion. Trainieren Sie den Umgang damit, weil das Ergebnis ansonsten eher so aussieht wie das Geschmiere eines Kleinkindes.

Sollten Sie dennoch die Notwendigkeit verspüren, ein Zeigegerät einzusetzen, rate ich Ihnen zu einem Laserpointer. Der Pointer hat im Gegensatz zu dem Zeigestab den Vorteil, dass Sie mobiler sind. Sie können vor Ihrem Bildschirm stehen bleiben und sind nicht gezwungen, an die Wand heranzutreten.

Wenn Sie allerdings mit dem Laserpointer arbeiten, versuchen Sie, die Hand insbesondere bei großen Entfernungen sehr ruhig zu halten. Hektische Bewegungen mit dem Laserpointer verwirren die Zuhörer und können zu Überlastung und Kopfschmerzen führen. Nutzen Sie ihn daher nur selektiv und mit Bedacht.

Tipp für Einsteiger:

Weisen Sie jeder Folie eine eindeutige Überschrift in dem dafür vorgesehenen Feld zu.

Wenn Sie jeder Folie eine unverwechselbare Überschrift in dem dafür vorgesehenen Feld zuordnen, können Sie während der Präsentation leicht zu den Folien springen, die Sie dem Zuschauer präsentieren wollen. Die PowerPoint-Funktion, die Sie mit der rechten Maustaste aktivieren können, greift nur auf die Überschriftsfelder zurück. Textfelder, selbst wenn sie sich in der Nähe der Überschrift befinden, bleiben unberücksichtigt.

Daher ist es wichtig, dass Sie das für die Überschrift vorgesehene Feld benutzen und kein weiteres Textfeld anlegen. In der Master-Ansicht können Sie Position und Texteigenschaften des Überschriftenfeldes spezifizieren. So müssen Sie nicht umständlich durch die gesamte Präsentation scrollen. Dies wirkt unprofessionell auf Ihr Publikum. Die beste Möglichkeit ist, die entsprechende Folie über die rechte Maustaste auszuwählen. Mit dem Punkt »Gehe zu« können Sie den Titel und damit die entsprechende Folienüberschrift auswählen. Wenn Sie den Folien keine spezifischen Titel zugewiesen haben, werden Sie nun vor dem Problem stehen, dass Sie nicht wissen, ob die gesuchte Folie die Folie 12 oder 13 ist.

Tipp für Einsteiger:

Komprimieren Sie die Kernaussage der jeweiligen Folie in der Überschrift.

Eine Überschrift sollte die Kernaussage der Folie griffig zusammenfassen und vorwegnehmen. Gemäß dem Grundsatz »first things first« sollten Sie dem Zuhörer zuallererst mitteilen, um was es sich auf der Seite handelt. Das Wichtigste ist die Kernaussage und diese teilen Sie Ihren Zuhörern sofort am Anfang mit.

Die meisten Vortragenden nutzen die Folienüberschrift lediglich für Kategorietitel, wie beispielsweise: »Umsätze unserer Produkte nach Regionen« oder »Vorschläge unserer Mitarbeiter«, die intellektuell meist eher anspruchslos sind. Besser ist, wenn Sie die Essenz der Folie direkt im Titel ausdrücken. Bessere Überschriften sind beispielsweise: »Nordamerika ist umsatzstärkstes Absatzland« oder »80 Prozent der Mitarbeiter favorisieren Kurzarbeit vor Outsourcing«.

Selbstverständlich muss der Folieninhalt sinngemäß die Überschrift widerspiegeln. Ist das nicht der Fall, werden sich die Zuschauer von Ihrer im Titel beschriebenen Kernaussage nicht überzeugen lassen.

Am Ende sollten die Überschriften Ihrer Folien Ihre Storyline, also Ihren dramaturgischen Handlungsbogen wiedergeben.

Tipp für Einsteiger:

Kontrollieren Sie am Ende Ihrer Vorbereitung die Storyline anhand der Gliederungsansicht.

Wenn Sie die Folienerstellung abgeschlossen haben, können Sie leicht in der Gliederungsansicht die Storyline kontrollieren und gegebenenfalls verfeinern. Sie sollten Ihre Kernbotschaft konsistent und angemessen auch denjenigen vermitteln können, die die Folien gar nicht gesehen haben.

Mir ist bewusst, dass viele von Ihnen wenig Spielraum in der Foliengestaltung haben, weil die Vorgaben der Corporate Identity und damit auch des Corporate Designs oftmals den Gestaltungsfreiraum stark einschränken.

Tipp für Fortgeschrittene:

Verwenden Sie normalerweise die Master-Templates Ihrer Firma und gestatten Sie sich in besonderen Fällen eine Ausnahme.

Ausnahmen sind meiner Meinung nach dann sinnvoll, wenn Sie beispielsweise durch ein Foto über die ganze Projektionsansicht einen viel stärkeren Eindruck vermitteln können als in einem kleinen Feld neben fünf Textzeilen. Die Form sollte der Funktion folgen (form follows function) und nicht andersherum.

Beachten Sie, dass in der Firmenvorlage die Firmenfarben, Schriftgrößen, Textfelder und Grundformen bereits enthalten sind. Zu viele Abweichungen wird man Ihnen vermutlich verübeln.

Oft sind Konventionen hinsichtlich der Verwendung von Formen, Transparenz, der Schreibweise des Firmennamens und Ähnliches vorgegeben. Zumeist sind diese Formatvorlagen »Company Policy« und werden an alle Mitarbeiter obligatorisch zur Nutzung verteilt. Sie garantieren ein einheitliches Erscheinungsbild der Firma nach außen. Der Wiedererkennungswert von Marke und Dienstleistungen bei Kunden und Geschäftspartnern werden so gesteigert.

Tipp für Einsteiger:

Seien Sie achtsam bei der Verwendung des Logos.

Verwenden Sie das Logo nur so, wie es offiziell gestattet ist. Eine Veränderung der Farbe, Form oder sonstiger Eigenschaften des Logos oder Firmennamens wird meistens beanstandet.

Beachten Sie im Voraus, welches Design aktuell verwendet wird. Sie sparen sich damit zeitaufwendige Nachbearbeitungsphasen. Außerdem kann bei einem Wechsel der Formatvorlagen das alte Design problemlos in das neue überführt werden.

Tipp für Einsteiger:

Nutzen Sie die Gruppierungsfunktion, wenn Sie mehrere Objekte gemeinsam verschieben wollen.

Mit der Gruppierungsfunktion können Sie mehrere Objekte gemeinsam auf Ihrer Folie verschieben. Dafür müssen Sie zunächst alle Objekte markieren (linke Maustaste mit gehaltener Strg-Taste) und anschließend gelangen Sie über die rechte Maustaste zum Menüpunkt »Gruppieren«. Auch beim Verkleinern oder Vergrößern von vielen Objekten empfiehlt sich diese Funktion. Die Gruppierung können Sie – wenn notwendig – dann wieder leicht mit der rechten Maustaste aufheben.

Die Gruppierungsfunktion sollte zu einer Ihrer Basisfunktionen werden. Sie ist nicht nur bei Verschiebung oder Neuanordnung von Wichtigkeit, sondern kann Ihnen ebenso dabei helfen, logisch zusammengehörende Objekte selbst bei mehrmaligem Editieren einer Datei in ihrer ursprünglichen Gruppe zu belassen.

Gruppen können Sie wiederum übergruppieren, um größere, einheitliche Komplexe zu bilden. Viele Strukturdiagramme und Visualisierungen, wie Halbkreise oder Flussdiagramme, die sich durch Kombination von Power-Point-Grundformen erzeugen lassen, erhalten erst durch konsequente Anwendung der Gruppierungsfunktion ihren ästhetischen Reiz. Um diese mehrteiligen Anordnungen zu erstellen, können Sie Objekte duplizieren.

Tipp für Einsteiger:

Verwenden Sie Schriften wie auf Plakaten.

Widerstehen Sie der Versuchung, hübsche und ausgefallene, aber schwer entzifferbare Schriftarten zu verwenden. Während in Skripten, Büchern und Handouts Serifenschriftarten wie die bekannte Times New Roman sehr gut zu lesen sind, sollten Sie für Präsentationen mit Notebook und Projektor stets zu sogenannten Grotesk-Schriftarten greifen, die ein klares und schlichtes Erscheinungsbild aufweisen. Die bekannteste Schriftart dieser Gruppe ist Arial. Weniger bekannte Grotesk-Schrifttypen, die allerdings optisch nicht weniger ansprechend sind, heißen »Helvetica New« oder »Myriad«. Verwenden Sie innerhalb Ihrer Präsentation konsequent ein und dieselbe Schriftart. Beachten Sie bitte, dass mehr als zwei Schriftarten auf einer Folie ungünstig sind, weil sie die Aufmerksamkeit der Zuschauer binden.

Einer der häufigsten Fehler bei der Folienerstellung ist die Wahl einer zu kleinen Schriftgröße. Der Grund dafür ist meist die Fülle an Informationen, die der Vortragende auf einer Folie unterzubringen wünscht. Hier greift natürlich wieder der Tipp, Unwesentliches konsequent zu streichen. Wenn Sie diesen Rat beherzigen, werden Sie keine Schwierigkeiten haben, mit einer gut lesbaren Schriftgröße zu arbeiten (mindestens 18 Punkt). Die Schriftgröße der Überschriften sollte auf allen Folien gleich sein und größer als die Schrift der Unterpunkte.

Tipp für Einsteiger:

Beachten Sie die Grundsätze der Farbenlehre.

Jede Farbe hat ihre ganz eigene Wirkung. Die Farben Gelb, Rot und Orange sind warme Farben, die sich als Hintergrundfarbe nur selten eignen. Die Farben Grün und Blau sind kalte Farben, die den Zuschauer eher entspannen als die warmen Farben. Sie eignen sich gut als Hintergrund. Die Farben Schwarz, Weiß und Grau sind neutrale Farben, die eine gute Gestaltungsgrundlage bilden. Sinnvoll ist es, diese neutralen Farben mit den nicht-neutralen Farben zu kombinieren, so zum Beispiel blaue Schrift auf weißem Hintergrund. Vermeiden Sie helle Schriften auf dunklem Hintergrund. Diese sind ungewohnt und dadurch schwerer lesbar.

Anspruchsvolle Folienerstellung

Tipp für Fortgeschrittene:

Trauen Sie sich, das Logo auch einmal wegzulassen.

Die meisten Präsentationstrainer empfehlen den einheitlichen Aufbau Ihrer Präsentation gemäß den Vorlagen Ihrer Firma. Dazu gehört in der Regel, dass auf jeder Seite mehr oder weniger prominent das Logo zu erkennen ist. Je mehr Symbole, Logos, Grafiken und Text auf einer Seite sind, desto weniger fokussiert wird Ihre Kernaussage übermittelt. Daher werden immer mehr Stimmen laut, die fordern, ausschließlich das Notwendigste auf den Folien unterzubringen. Die berühmte Präsentation von Al Gore zum Thema Klimawandel enthielt auf keiner Seite wiederkehrende Elemente. Trauen Sie sich daher bewusst, auch einmal auf Ihr Logo zu verzichten.

Sie verkaufen Ihre Ideen nicht dadurch leichter, dass Sie auf jeder Seite Ihr Logo oder Ihren Slogan zeigen. Prinzipiell prägen sich Inhalte natürlich schneller ein, je häufiger sie gezeigt werden. Das geht allerdings auf Kosten Ihrer Inhalte. Wenn Sie sichergehen wollen, dass Ihre Zuhörer Sie richtig verstehen, gestalten Sie Ihre Folien so einfach wie nur irgend möglich. Verzichten Sie auf das Logo auf jeder Seite.

Ganz zu Beginn und ganz am Ende können und sollten Sie natürlich das Logo zeigen; auch auf dem Handout sollte das Logo regelmäßig vorkommen. Schließlich wollen Sie durch Ihre Präsentation und Ihren Vortrag überzeugen, nicht durch häufiges Zeigen ein- und desselben Zeichens.

Tipp für Fortgeschrittene und Profis:

Bauen Sie bewusst leere Flächen ein.

Vielleicht ist Ihnen der Drang bekannt, alle Flächen möglichst effizient zu füllen. Widerstehen Sie diesem Drang. Ähnlich wie im Tipp »Nutzen Sie Kunstpausen« entfalten Folien Ihre Wirkung oft erst dann, wenn Sie leer (und nicht voll) sind.

Achten Sie auf die Ladengestaltung von Luxusgeschäften. Ihnen wird auffallen, wie stark diese Läden mit »Leere« arbeiten. Gehen Sie beispielsweise in einer großen Stadt wie Hamburg, Berlin, München oder Frankfurt in ein Geschäft eines großen französischen Luxuskonzerns. Sie werden sehen, dass nur wenige Handtaschen im Schaufenster und im Laden ausgestellt sind, diese aber überdurchschnittliche Preise haben. Die bewusst eingesetzte Leere vermittelt Knappheit der Güter, wertet somit das einzelne Produkt auf und rechtfertigt in unserem Unterbewusstsein den exorbitanten Preis. Die Inneneinrichtung, die Wände und die Beschriftungen, so werden Sie feststellen, sind bewusst kahl gehalten. Dieses Nichtvorhandensein anderer, störender Objekte intensiviert und betont die ausgestellten Produkte umso mehr.

Machen Sie sich diesen Effekt auch für Ihre Präsentation zunutze. Je weniger Sie auf eine Folie packen, desto mehr gewinnen die Objekte, die sich auf der Seite befinden, an Präsenz.

Tipp für Fortgeschrittene:
Achten Sie auf die Ausrichtung Ihrer Bilder.

Wenn Sie zur Verdeutlichung Ihrer Aussagen Fotos einsetzen, auf denen Menschen abgebildet sind, achten Sie stets darauf, dass die Körpersprache dieser Menschen Ihre Kernbotschaft verstärkt und nicht von ihr ablenkt.

So sollten Sie die Personen auf den Bildern stets Ihren Diagrammen oder Textaussagen zu- und nicht abwenden. Wenn Ihr Foto oder Ihre Visualisierung in die »falsche« Richtung deutet, so ist noch nichts verloren, das lässt sich »reparieren«. Mit der Funktion »Objekt spiegeln« können Sie das Objekt an der eigenen y-Achse spiegeln.

Tipp für Profis:
Adaptieren Sie die Künste der Fotografie.

In der Fotografie wird der Bildausschnitt oft in neun gleich große Rechtecke eingeteilt, indem zwei horizontale und zwei vertikale Linien im selben Abstand durch das Bild verlaufen.

Dieses Prinzip basiert auf den Erkenntnissen des italienischen Mathematikers und Naturforschers Leonardo Fibonacci, der Anfang des 13. Jahrhunderts das Wachstum einer Kaninchenpopulation beschrieb. Entstanden ist daraus eine unendliche Folge von Zahlen, bei der sich die jeweils folgende Zahl durch Addition der beiden vorherigen Zahlen ergibt. In seinen biologischen Studien fand er heraus, dass sich Strukturen in der Natur oft im gleichen Größenverhältnis entwickeln. Dieses Verhältnis spiegelt sich beispielsweise im Aufbau von spiralförmigen Schneckenhäusern oder den Spiralen von Samen in Blütenständen.

Fotografen haben erkannt, dass dieses allgemeine Gesetz der Ästhetik ebenfalls im Aufbau der Fotografien wiederzufinden ist. Die vereinfachte, pragmatischere Form teilt den gesamten Bildausschnitt sowohl horizontal als auch vertikal auf.

Die gewünschten Zielobjekte in der Fotografie werden nun an einem oder mehreren der vier Schnittpunkte der vertikalen und horizontalen Linien positioniert. Die Streckenverhältnisse im Goldenen Schnitt werden in der Kunst und in der Architektur meist als ideale Proportion und als Inbegriff von Ästhetik und Harmonie angesehen. Der Quotient zweier aufeinanderfolgender Fibonacci-Zahlen wiederum nähert sich dem Goldenen Schnitt an. Folgerichtig sollte Ihr Folienmittelpunkt an oder nahe bei einem der vier Schnittpunkte liegen.

Tipp für Profis:

Sparsam eingesetzte Asymmetrie erzeugt Spannung.

Die Zentrierungfunktion der Office-Programme ist weithin bekannt und wird häufig benutzt. Umso mehr langweilt es den Betrachter, der zentrierte Texte, Objekte und Fotos zur Genüge kennt. Versuchen Sie einmal, sofern Sie bereits Erfahrung im Erstellen von Präsentationen gesammelt haben, bewusst Asymmetrien einzusetzen. Beispielsweise können Sie die Überschrift rechts oben (nahe dem Schnittpunkt der horizontalen und vertikalen Linie, s. vorhergehenden Tipp) positionieren, Ihr Diagramm dagegen links unten.

Dies erzeugt eine Spannung, die allerdings nicht unästhetisch wirkt. Sparsam eingesetzt, wird sie Ihre Präsentation auflockern und die Aufmerksamkeit Ihrer Zuschauer steigern.

Manche verzichten vollständig auf die Mastervorlage. Ein folgenschwerer Fehler, wie sich in dem exorbitant hohen Layoutaufwand zeigt. Wenn Sie zum Beispiel den Namen Ihres Kunden in jeder Fußzeile wiederholen wollen, so ist

Tipp für Fortgeschrittene:

Fügen Sie Ihr gewünschtes Grunddesign auf Masterebene ein.

die geeignetste Lösung hierfür die Bearbeitung des Master-Slides. Dazu müssen Sie in die Masteransicht wechseln, die unter keinen Umständen mit der Folienansicht verwechselt werden darf. Erstere beinhaltet ausschließlich Folienvorlagen, letztere die individuellen Inhalte jeder Folie Ihrer Präsentation.

So wird der gewünschte Textbaustein automatisch auf alle Folien angewendet, die diese Formatvorlagen nutzen. Zu erwähnen ist, dass es zwei verschiedene Arten von Masterfolien gibt: Der Grundmaster enthält alle visuellen Komponenten, wie beispielsweise Hintergrundbilder, Logos oder Linien; die darauf aufbauenden Masterfolien haben lediglich die Funktion, Überschrift- und Textfelder an vordefinierten Stellen zu platzieren.

Tipp für Fortgeschrittene:

Erstellen Sie die Übersichtsfolie mit der Automatikfunktion.

Inhalts- und Übersichtsfolien sollten Sie als Letztes erstellen, auch wenn Sie bereits eine mentale oder sogar schriftlich ausformulierte Struktur vorliegen haben. Der Grund ist, dass sich bis zuletzt wesentliche Blöcke ändern oder verschieben können und Sie daher die Übersichtsfolien ständig aufwendig umgestalten müssten.

PowerPoint bietet Ihnen eine komfortable Abkürzung, wenn es um die Gestaltung von Gliederungsfolien geht: Markieren Sie in der Foliensortierungsansicht all jene Seiten, deren Titel in der Übersichtsfolie auftauchen sollen. Auch hier ist wieder wichtig, dass nur diejenigen Titel in der Übersichtsfolie erscheinen, deren Überschriften korrekt in das dafür vorgesehene Überschriftenfeld eingetragen wurden.

Für die Selektion der einzelnen Blätter reicht ein Klick auf die jeweilige Folie, während Sie die Controltaste (Strg) gedrückt halten. Wenn Sie möchten, dass die Überschriften aller Folien in der Übersichtsfolie erscheinen, drücken Sie die Tasten Strg + A. Damit sind alle Folien markiert.

Nachdem alle relevanten Blätter markiert sind, klicken Sie auf das Inhaltsfoliensymbol. Die Übersichtsfolie wird sodann automatisch kreiert.

Tipp für Fortgeschrittene:

Merken Sie sich Shortcuts, um effizienter arbeiten zu können.

Im Folgenden finden Sie Tastencodes, die für die Erstellung der Präsentation nützlich sein können und sich bewährt haben:

Strg + N	neue Präsentation
Strg + M	neue Folie einfügen
Strg + S	Präsentation speichern
Strg + P	Präsentation drucken
Strg + Z	letzte Aktion rückgängig machen
Strg + C	markiertes Objekt kopieren
Strg + X	markiertes Objekt ausschneiden
Strg + V	Objekt aus der Zwischenablage einfügen
Strg + A	alles markieren

Die Steuerung der Präsentation im Vollbildmodus können Sie mit den folgenden Tastenkombinationen durchführen:

F5	Bildschirmpräsentation starten
Punkt	schwarzer Bildschirm/weiter
Komma	weißer Bildschirm/weiter
Eingabetaste, Bild ↓, →, ↓ Leertaste	zur nächsten Folie oder Animation gehen
P, Bild ↑, ←, ↑ Rücktaste	zur vorherigen Folie/Animation gehen
Strg + P	Mauszeiger wird zum Stift
Strg + A	Stift wird zum Mauszeiger
Esc	Bildschirmpräsentation beenden

Tipp für Fortgeschrittene:

Nutzen Sie Führungslinien, um Objekte korrekt auszurichten.

Sie werden bemerken, wie beispiellos schwierig es ist, Objekte in PowerPoint nach Augenmaß so zu arrangieren, dass die Ausrichtung einwandfrei erscheint. In der Normal- und in der Folienansicht können Sie mithilfe des horizontalen und des vertikalen Lineals Objekte exakt positionieren. Dazu müssen Sie zunächst Führungslinien einblenden. Dies können Sie im Menü »Ansicht« vornehmen. Wählen Sie dazu den Befehl »Führungslinien« aus.

Die Verschiebung der Führungslinien können Sie mit einem Klick der linken Maustaste veranlassen.

Mit gedrückter Maustaste können Sie die Führungslinie an die gewünschte Position bewegen. Falls Ihnen die beiden vorhandenen Linien nicht ausreichen, können Sie weitere Führungslinien hinzufügen. Mit gedrückter Controltaste (Strg) ist ein Klick auf eine der Führungslinien ausreichend, um eine neue hinzuzufügen. Das Duplikat ziehen Sie nun an die von Ihnen anvisierte Position. Entfernt werden Führungslinien, indem sie über den Rand der Folie oder des Notizblatts hinausgezogen werden. Gitternetzlinien haben die gleiche Funktion, lassen sich aber nicht verschieben.

Tipp für Fortgeschrittene:

Überraschen Sie Ihre Zuhörer mit eindrucksvollen Folien.

Sie können erfahrungsgemäß zu Beginn Ihres Vortrages das Eis schnell brechen, indem Sie Ihre Zuschauer zum Lachen oder zumindest zum Schmunzeln bringen. Sympathie ist eine emotionale Kraft, die selbst hartgesottene Kritiker zu Fall bringt.

Beispielsweise startete ein Vertriebsleiter einer Firma, die Computerarchive verkauft, seinen Vortrag mit einer Folie, die eine Karikatur zeigte, in der eine Person in Papier- und Ordnerbergen erstickte. Die Zeichnung war grafisch nett dargestellt und passte gut zum Thema. Sie diente als Einstimmung auf das Thema während der Begrüßungsphase.

Vermeiden Sie aber peinliche Folien oder Witze, über die nur Sie selbst lachen können. Obszöne oder vulgäre Folien sind zu viel des Guten und lassen schlechten Geschmack vermuten.

Eindrucksvolle Folien können Sie ebenfalls erzeugen, wenn Sie professionelle Fotos nutzen und diese auf die ganze Seitenbreite ausdehnen. Ein fachmännisch aufgenommenes, hochauflösendes Foto – auf die Wand projiziert – kann Emotionen auslösen, die Ihren gesprochenen Vortrag verstärken und betonen.

Tipp für Fortgeschrittene:

Unterschätzen Sie nicht die Wirkung des Designs Ihrer Präsentation.

Viele Menschen, insbesondere fakten- und zahlenorientierte Geschäftsleute, halten Design für einen nicht notwendigen, sondern einen »Nice-to-have-Bestandteil« ihrer Präsentation. Diese Menschen verwechseln »Design« mit »Dekoration«. Aber: Richtig gutes Foliendesign fällt nicht auf. Layout und Design sind dann hochwertig, wenn sie sich nicht in den Vordergrund drängen, sondern unbemerkt bleiben und dafür die Inhalte noch stärker betonen.

Mehr noch: Erst richtig gutes Design erlaubt es, die Kernbotschaft so zu transportieren, dass sie bei den Zuhörern die gewünschte Wirkung entfaltet. Konzentrieren Sie sich daher auf die Substanz, aber auch auf das Design Ihrer Folien. Gutes Design ist ein Alleinstellungsmerkmal und Wettbewerbsvorteil gegenüber anderen Referenten, deren Präsentationen noch aus der »konventionellen« PowerPoint-Welt stammen.

Visualisierung

Tipp für Fortgeschrittene:

Stellen Sie Ihre Inhalte visuell dar.

Das Problem unübersichtlicher und überfrachteter Folien bekommen Sie in den Griff, indem Sie sich eisern auf das Wesentliche konzentrieren.

Doch wie stellen wir das Wesentliche auf einer Folie dar? Da das Gedächtnis Informationen hauptsächlich figurativ abspeichert, ist es sinnvoll, den Inhalt, den Sie präsentieren, ebenfalls bildhaft darzustellen. Wenn Sie einen Vortrag halten, erreichen Sie das Publikum zunächst einmal mit Ihren Worten. Es ist erwiesen, dass ein Zuhörer etwa 20 bis 30 Prozent des Gesagten behält. Wenn wir das Gesagte durch Bilder ergänzen, behält der Zuhörer, der damit auch ein Zuschauer ist, etwa 80 Prozent des Dargestellten. Hinzu kommt, dass der Vortrag motivierender und interessanter ist, wenn er durch Bilder ergänzt wird.

Sie können die unterschiedlichsten Instrumente einsetzen, um Ihre Inhalte zu visualisieren. Zum Einsatz kommen können etwa Bilder, Diagramme oder Fotos. Darüber hinaus können Sie mit Autoformen arbeiten, eigene Zeichnungen erstellen, Inhalte farblich hervorheben, Videos einspielen, dreidimensionale Objekte entwerfen und sie effektvoll animieren. Was Sie allerdings jederzeit reflektieren sollten, ist, ob die Visualisierung Ihre Kernaussage stützt und nicht von ihr ablenkt.

Häufig ist zu beobachten, dass ein Referent ein Bild präsentiert, das eine ganz andere Aussage transportiert als diejenige, die er eigentlich beabsichtigte. Was ist der Grund hierfür? Oft hat sich der Vortragende die Aussage der Folie nicht klar genug vergegenwärtigt und darüber nachgedacht, ob die Visualisierung tatsächlich die Kernaussage vermittelt.

Reduzieren Sie daher Ihre Visualisierungen auf das Wesentliche. Streichen Sie entschieden Unwichtiges und Irrelevantes. Die von Ihnen entworfenen Visualisierungen sollten in Klarheit, Einfachheit und Aussagekraft nicht mehr übertroffen werden können. Somit vermeiden Sie, dass Ihre Bilder uneindeu-

tig wirken und ein Interpretationsspielraum entsteht, der die Aussage Ihrer Folie verzerren könnte.

Tipp für Fortgeschrittene:

Visualisieren Sie komplexe Inhalte mithilfe von Strukturdiagrammen.

Strukturdiagramme sind aus geometrischen Figuren, Verbindungslinien und eventuell Texten zusammengestellte Formgruppierungen, die zu den einfachsten bildhaften Hilfsmitteln einer Präsentation gezählt werden können.

In heutigen PowerPoint-Präsentationen sind Strukturbilder häufig anzutreffen. Ihre allzu regelmäßige Verwendung hat allerdings negative Auswirkungen: Einige Motive wirken bereits abgedroschen. Wenn Sie sich neue, kreative Grafiken einfallen lassen, werden Sie sich angenehm von der Masse abheben.

PowerPoint lässt bereits in seinen Grundfunktionen sehr einfach zu, Strukturbilder zu produzieren. Um zu einem sinnvollen Strukturbild zu gelangen, sollten Sie folgende Punkte beachten:

- Vermeiden Sie negative Formulierungen in Ihren Textfeldern. Viele negative Begriffe können Sie einfach positiv umformulieren.
- Drücken Sie Ihre Gedanken mit Worten aus, die räumliche Dimensionen beschreiben. Beispiele: »vor und nach Einführung des ...« – »steht über ...« – »innerhalb des Betriebes« – »Einflüsse von außen«.
- Sortieren Sie die einzelnen Elemente entsprechend ihrer chronologischen Ordnung in der Präsentation. Die einzelnen Objekte des Strukturdiagramms sollten so angeordnet sein, dass der Blick des Zuhörers nicht allzu oft quer über die Folie schwenken muss.
- Die wesensgemäße Blickrichtung des Zuschauers in unserem westlichen Kulturkreis ist von links nach rechts und von oben nach unten. Beachten Sie dies beim Anfertigen der Strukturdiagramme.
- Gestalten Sie die Strukturbilder einfach und lassen Sie komplexe Bilder schrittweise erscheinen!
- Stellen Sie allerdings unbedingt sicher, dass die in den Strukturdiagrammen dargestellten Inhalte der Realität entsprechen.

Mithilfe der Strukturbilder stellen Sie immer Beziehungen dar, und diese beinhalten eine gewisse zugrundeliegende Logik. Dieser Eindruck wird durch die geometrischen Figuren untermauert.

Damit suggerieren Strukturdiagramme eine Akkuratheit und einen Wahrheitsanspruch, der unbedingt durchdacht werden sollte. Lassen Sie sich daher weder als Zuschauer noch als Referent von der bloßen Imposanz eines Strukturbildes täuschen. Prüfen Sie stets, ob die dargestellten geometrischen Figuren, die mit Pfeilen verbunden sind, auch wirklich in Beziehung zueinander stehen und ob die Pfeile in die richtige Richtung zeigen!

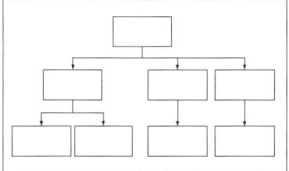 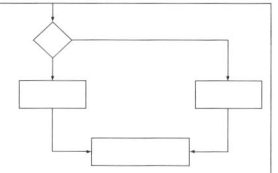 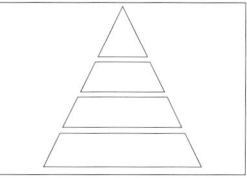 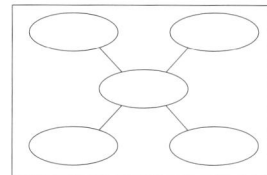

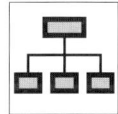 Mit dem **Organigramm** lassen sich hierarchische Beziehungen aufzeigen, wie zum Beispiel der Aufbau einer Organisation.

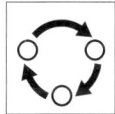 Das **Zyklusdiagramm** wird genutzt, um einfache Kreisläufe darzustellen.

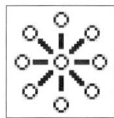 Mit dem **Radialdiagramm** werden Beziehungen von Teilelementen zu einem Hauptelement dargestellt.

 Das **Pyramidendiagramm** wird genutzt, um konstruktive Beziehungen beziehungsweise aufeinander aufbauende Strukturen darzustellen.

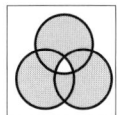 Das **Venn-Diagramm** wird zum Anzeigen von Überlappungsbereichen zwischen und innerhalb von Elementen verwendet.

 Mit dem **Zieldiagramm** lassen sich durch das Anzeigen von zielorientierten Schritten auf einfache Weise Ziele visualisieren.

Zahlen und Diagramme

Tipp für Fortgeschrittene:

Beschränken Sie die präsentierte Datenmenge auf die Kernaussage.

Im Umgang mit Zahlen werden bisweilen zwei Fehler gemacht. Zum einen wird die Folie mit Zahlenmaterial überfrachtet, zum anderen wird diese dann so präsentiert, dass es für den Zuschauer schwer verständlich wird. Wenn der Vortragende zu viele Zahlen präsentiert, führt das dazu, dass der Zuschauer von der Hauptaussage abgelenkt wird. Er versucht sich in der Fülle der (oftmals redundanten oder aussagelosen) Zahlen zurechtzufinden und der Vortragende verliert die Aufmerksamkeit. Mittelfristig wird auch die Aufnahmefähigkeit und Aufmerksamkeit der Zuschauer beeinträchtigt, weil die Energiereserven aufgebraucht werden, um Wichtiges von Irrelevantem zu filtern.

Da nummerische Zahlen leichter als interpretierfähige Phrasen und Sätze auf ihren Wahrheitsgehalt hin überprüft werden können, schützen Sie sich gegen unangenehme Nachfragen, je weniger Zahlenmaterial Sie präsentieren. Gleichzeitig sollten Sie sicherstellen, keine wesentlichen Kalkulationsschritte zu überspringen und Ihre Annahmen explizit zu kennzeichnen. Je mehr Menschen Ihre Rechenschritte nicht nachvollziehen können, desto mehr Rückfragen werden gestellt, die Ihre Präsentation in die Länge ziehen und Ihnen als Vortragendem eventuell schaden.

Diesen Fehler umgehen Sie, wenn Sie sich die Frage stellen, welche Zahlen für Ihre Kernaussage relevant sind. Nur diese Zahlen sollten Sie darstellen. Alle anderen Zahlen entfernen Sie am besten aus der Folie. Zeigen Sie also nur die absolut notwendigen Daten einer Grafik.

In den meisten öffentlich verfügbaren Datenbanken erhalten Sie mit einem Klick eine große Anzahl an Datensätzen, komplexen Grafiken und langen Tabellen. Stellen Sie nur diejenigen Daten und Fakten dar, die für Ihre Kernaussage unabdingbar sind. Selbstverständlich sollten Sie nicht so viel kürzen, dass die Daten aus ihrem Kontext entfernt werden. Dies könnte Ihnen als bewusste Irreführung vorgeworfen werden.

Tipp für Fortgeschrittene:

Stellen Sie Zahlen bildhaft dar.

Unsere Fähigkeit, uns Zahlen bildhaft vorzustellen, ist stark begrenzt. Obwohl wir zweifelsfrei in der Lage sind, uns Zahlen kleinerer Größenordnung vorzustellen und voneinander zu unterscheiden, verlässt uns diese Fähigkeit schnell bei größeren Dimensionen.

Noch unübersichtlicher und schwerer zu begreifen sind Tabellen, die eine Vielzahl von Zahlen parallel darstellen.

Größenordnungen zu erfassen und diese langfristig abspeichern zu können verlangt, dass diese gehirngerecht präsentiert werden. Das ist die wichtigste Funktion eines Diagramms. Sie sollten den Einsatz eines Diagramms jeweils dann in Betracht ziehen, wenn Sie Verhältnisse und Beziehungen zwischen den Zahlen besser darstellen können als in Tabellenform.

Tipp für Einsteiger:

Verwenden Sie eindeutige und seriöse Diagramme.

Obwohl dreidimensionale Darstellungen auf den ersten Blick attraktiv erscheinen, sollten Sie darauf verzichten. Zweidimensionale Grafiken machen einen seriöseren Eindruck und erhöhen Ihre Glaubwürdigkeit. Gleichzeitig sind sie konkurrenzlos im Hinblick auf die Erfüllung ihrer Hauptfunktion, nämlich Zahlenmaterial schneller und zuverlässiger darzustellen, als dies mit reinen Tabellen möglich wäre.

Unter das Stichwort »Seriosität« fällt ebenso die eindeutige Achsenbeschriftung. Wenn Sie Achsen kürzen, weil die Unterschiede ansonsten zu gering und vom Auge nicht zu erkennen wären, so sollten Sie diese eindeutig kennzeichnen. Wenn Sie das nicht machen, kann es Ihnen schnell als Manipulationsversuch ausgelegt werden. Die Erzeugung von 3D-Diagrammen ist ein Feature von PowerPoint, das in den Anfangszeiten vielleicht noch das ein oder andere Staunen hervorgerufen hat. Inzwischen sind 3D-Diagramme gleich mit mehreren Nachteilen beladen: Zum einen werden Sie in der Geschäftswelt belächelt, zum anderen eignen sich dreidimensionale Diagramme in der Regel nicht, um zuverlässig Zahlenkolonnen auszudrücken.

Verzichten Sie also konsequent auf »3D-Spielereien«.

Vergleich von	Typische Aussagen	Stichwörter	Diagrammtypen	
Zeitreihen	In den letzten fünf Jahren stiegen die Umsätze gleichmäßig! Am Jahresende stieg der Gewinn des Einzelhandels!	steigen sinken zunehmen abnehmen stagnieren verändern	Säulendiagramm	Kurvendiagramm
Häufigkeiten	Die meisten Abt. erwirtschafteten zwischen 3 und 4 Mio. Euro Gewinn! Die meisten Internetbesucher sind zwischen 20 und 30 Jahre alt!	Häufigkeit Verteilung Konzentration	Säulendiagramm	Kurvendiagramm
Rangfolgen	n der Filiale Frankfurt ist der Umsatz höher als in München! Wir verkaufen mehr rote als blaue Autos!	größer als kleiner als besser als schlechter als gleich wie	Balkendiagramm	
Strukturen	Mit Produkt x erzielten wir 15% vom Gesamtumsatz! Das Gesamte teilt sich wie folgt auf …	Prozent Anteil von Großteil von	Kreisdiagramm	
Wechselbeziehungen	Der Umsatz hängt vom Marketing ab! Es besteht ein Zusammenhang zwischen Ernährung und Gesundheit!	Zusammenhang korrespondiert mit korreliert mit steigt mit fällt mit entspricht	Balkendiagramm	Punktediagramm

Bilder und Fotos

Tipp für Einsteiger:

Nutzen Sie professionelle Bilder.

Das Internet ermöglicht es, innerhalb von Sekundenbruchteilen hochwertige Fotos und Grafiken ausfindig zu machen, die für wenig Geld erworben werden können. So integrieren Sie beeindruckende Visualisierungen auf Knopfdruck, ohne dass Sie auf ClipArts, Vorlagen oder sonstige Grafiken von geringer Qualität zurückgreifen müssen.

Über die Internetseiten von iStockphoto, stock.xchng, Fotolia, Flickr oder stockxpert können Sie Fotos in höchster Auflösung für zumeist unter fünf Euro pro Stück kaufen und in Ihren Präsentationen nutzen. Diese sind dann bereits für Ihre Zwecke lizensiert, ein Großteil der bezahlten Gebühren geht direkt an den Fotografen. Sie werden begeistert sein, welche Qualität Sie erwartet. Insbesondere bei Präsentationen, die für Sie eine hohe Wichtigkeit haben, und bei denjenigen, die Sie mutmaßlich des Öfteren halten werden, lohnt sich der Kauf von lizensierten Fotografien.

Besonders eindrucksvoll sind großformatige Fotos, die die ganze Seite ausfüllen. Zwei berühmte Referenten unserer Zeit, Al Gore und Steve Jobs, arbeiten mit dieser Technik. Auf diesen Folien dominiert die Fotografie, während die Position des Folientitels gerne schon mal wechseln kann. Diese ganzflächigen Fotofolien können Sie entweder als Zwischenfolie nutzen, die ein neues Kapitel oder Thema ankündigt, oder aber als »normale« Folie, die Inhalt trägt.

Auf jeden Fall sollten Sie darauf achten, dass die Bilder inhaltlich genau das ausdrücken, was Sie verdeutlichen möchten. Unpassende Grafiken und Fotos können mehr Verwirrung als Nutzen bereiten.

Planen Sie daher ausreichend Zeit für die Recherche ein. Gute und passende Bilder zu finden kann schnell viel Zeit verschlingen.

Tipp für Profis:

Schneiden Sie die Hintergründe von Bildern und Grafiken aus.

Schneiden Sie den Hintergrund von Objekten aus, oder verwenden Sie eine einheitliche Hintergrundfarbe, die mit der der Fotos übereinstimmt, sodass die Hintergründe der Objekte nicht auffallen. Wenn Sie Text vor Fotos anordnen, platzieren Sie den Text stets dort, wo der Kontrast ausreichend groß und der Hintergrund nicht unruhig ist. Wenn Fotos dabei dunkle Bereiche aufweisen, in denen Sie gerne Text platzieren würden, nutzen Sie eine helle Kontrastfarbe, beispielsweise weiß auf dunklem Hintergrund. Sie können die Lesbarkeit zusätzlich steigern, indem Sie mit leichtem Schatten arbeiten. Der Schatten umrandet den Text dezent mit dunkler Farbe und fügt daher noch weiteren Kontrast hinzu.

Verzichten Sie auf Ausschnitte von Fotos und passen Sie sie hingegen auf die Seitengröße an.

Texte

Tipp für Fortgeschrittene:

Profitieren von den sechs Prinzipien von Chip und Dan Heath.

In ihrem Buch »Made to Stick« untersuchten die Autoren Chip und Dan Heath, unter welchen Umständen Botschaften in den Köpfen der Adressaten »hängen« blieben. Sie identifizierten sechs Kerneigenschaften:

- Einfachheit,
- Unerwartetheit,
- Konkretheit,
- Glaubwürdigkeit,
- Emotionen und
- Geschichten.

Einfachheit: Reduzieren Sie Ihre Botschaft auf das absolut Notwendigste. Sicherlich ist vieles von dem wichtig, was Sie zu präsentieren beabsichtigen. Sie sollten dennoch schonungslos Rand- und Nebenaspekte streichen und nur das absolut Wesentliche präsentieren.

Unerwartetheit: Interesse wecken Sie dann, wenn Sie den Erwartungen Ihrer Zuhörer nicht entsprechen. Überraschen und verblüffen Sie Ihre Zuhörer. Stellen Sie Fragen – auch kritische – und beantworten Sie diese dann selbst.

Konkretheit: Verwenden Sie eine klare, lebhafte Sprache. Vermeiden Sie weitgehend Abstraktionen. Verwenden Sie geläufige Phrasen und Sprichwörter. Erzählen Sie Anekdoten. Je konkreter und sinnlich erlebbarer Sie werden, desto besser können Sie im Gehirn Ihrer Zuhörer an bekannten Bildern »andocken«.

Glaubwürdigkeit: Verlassen Sie sich nicht ausschließlich auf Ihre Reputation. Glaubwürdigkeit versuchen viele Präsentatoren mit extensivem Datenmaterial und zahlreichen Statistiken zu erreichen. Dies ist nur dann effektiv, wenn Sie die Daten in Formate überführen, die unmittelbar von Ihren Zuschauern verstanden werden können. Zum Beispiel:

> Staatliche Konjunkturpakete zielen darauf ab, die Folgen einer wirtschaftlichen Rezession zu mildern. Das US-Konjunkturprogramm 2009 hatte ein Gesamtvolumen in Höhe von 787 Milliarden US-Dollar. Das entspricht einem Fußballplatz, der fünf Meter hoch mit Paletten von 100-Dollar-Scheinen beladen ist.

Emotionen: Zielen Sie auf das Gefühl, denn Menschen sind emotionale Wesen. Eine Möglichkeit ist, zum Beispiel die Herausforderungen der Umweltpolitik mit Daten und Fakten darzulegen. Al Gore emotionalisiert seine Zuhörer hingegen und zeigt ihnen Vorher-Nachher-Fotos von schmelzenden Gletschern, die Auswirkungen von Wirbelstürmen und Tsunamis.

Geschichten: Erzählungen werden vom Publikum geliebt. Gute Redner bauen gezielt thematisch passende Geschichten in ihre Vorträge ein. Geschichten, die einen berühren und Bilder im Gedächtnis verankern. Überlegen Sie sich passende Geschichten, die Sie selbst erlebt haben oder die Ihnen berichtet wurden.

Tipp für Einsteiger:

Vermeiden Sie Wandzeitungen.

Lassen Sie konsequent alles weg, was Sie nicht für unbedingt notwendig erachten. Sie werden sich vielleicht wundern, warum ich das mehrfach betone. Aber: Genau darunter leiden viele Präsentationen. Sie sind überfrachtet, unübersichtlich und überfordern schlichtweg das Publikum. Machen Sie das anders! Selbstverständlich gibt es Ausnahmen. So ist es sinnvoll, Definitionen, Gesetzestexte und Zitate ungekürzt auf den Folien abzubilden – selbstverständlich immer mit Quellenangabe. Überprüfen Sie im Vorfeld genau, ob diese Sätze wirklich zwingend erforderlich sind. Wenn ja, lassen Sie den Zuhörern genügend Zeit, die Sätze zu lesen und zu verstehen. Machen Sie eine Pause, sobald der Satz im Blickfeld der Zuhörer erscheint, und reden Sie erst weiter, wenn Sie sicher sind, dass alle ausreichend Zeit hatten, das Geschriebene zu lesen.

Mit ausdrucksstarken Schlagwörtern erzielen Sie meist mehr Wirkung bei Ihrem Publikum als mit einem langen, umständlichen Satzbau. Die Benutzung von Stich- oder Schlagworten kann darüber hinaus helfen, »Wandzeitungen« zu vermeiden. Sie sollten Ihren Zuschauern nicht zumuten, gleichzeitig auf Ihre Stimme zu achten und das Geschriebene an der Wand entziffern zu müssen.

Tipp für Fortgeschrittene:

Verwenden Sie stringente, ausdrucksstarke Formulierungen.

Vermischen Sie Tätigkeitswörter nicht mit Substantivierungen. Substantivierungen sind Verben oder Adjektive, die zum Substantiv modifiziert werden. Sie können beispielsweise schreiben: »Erst wenn Firma XY ihre operativen Kosten halbiert, wird sie wettbewerbsfähig sein«. Unter Einsatz von Substantivierungen würden Sie schreiben: »Die Halbierung der operativen Kosten von Firma XY führt zu Wettbewerbsfähigkeit«.

Gestalten Sie Ihre Folien so, dass Sie entweder konsequent Tätigkeiten in Form von Verben benennen oder konsequent Substantivierungen verwenden. Innerhalb einer Folie sollten die Formulierungen einheitlich sein. Noch eleganter, aber nicht zwingend erforderlich ist es, wenn die Formulierungen innerhalb der gesamten Präsentation einheitlich sind. Verben haben den Vorteil, die Präsentation durch ihren Aktivitätsbezug aufzulockern. Auf der anderen Seite verlängern sie die Präsentation. Daher ist es wichtig, abzuwägen, in welchem Umfang Sie Verben einsetzen.

Tipps zu PowerPoint

Tipp für Fortgeschrittene:
Setzen Sie Hyperlinks, um geplante Foliensprünge zu realisieren.

Geplante Sprünge sind Sprünge, die Sie beim Anfertigen der Präsentation in-
tendiert haben. Ein Beispiel verdeutlicht die Anwendung von geplanten Fo-
liensprüngen besser:

> Angenommen, Sie halten einen Vortrag und benutzen eine Grafik als
> Ausgangspunkt für eine Argumentationskette. Sie arbeiten die Grafik nach
> und nach ab, indem Sie zu jedem Punkt weitere schriftliche Erläuterungen
> auf einer anderen Folie einblenden. Es ist sehr wahrscheinlich, dass die
> Zuschauer zwischendurch die Ausgangsgrafik erneut sehen möchten. Es
> ist also sinnvoll, sich direkt von jeder nachfolgenden Folie zur Grafik zu-
> rückbewegen zu können. Zudem ist es praktisch, direkt von einer Folie zu
> jeder gewünschten erklärenden Folie zu gelangen. So kann auch stets auf
> die Wünsche der Zuschauer eingegangen werden, wenn diese nochmals
> eine Folie sehen möchten.

Diese Funktion können Sie realisieren, indem Sie den Feldern der Grafik
Hyperlinks zuweisen, die direkt auf die entsprechende Folie verweisen. Auf
den jeweils zur Erklärung eingesetzten Folien positionieren Sie Hyperlinks, die
zur Ausgangsgrafik zurückführen. Auf diese Weise können Sie schnell zwischen den Folien hin- und herspringen. Zudem wirkt dieses Vorgehen sehr gut
vorbereitet und professionell. Führen Sie nur die Foliensprünge nicht zu
schnell durch, dies könnte Ihre Zuschauer verstören. Erläutern Sie am besten
die einzelnen Sprünge.

Tipp für Profis:

Arbeiten Sie mit unsichtbaren, absoluten Hyperlinks.

Wenn Sie Ihre Präsentation mit offensichtlichen Hyperlinks unterlegen, kann das einige Ihrer Zuhörer ablenken. Diese bemerken den Hyperlink und konzentrieren Ihre Aufmerksamkeit nicht mehr voll auf das, was Sie sagen. Arbeiten Sie also nach Möglichkeit mit unsichtbaren Hyperlinks.

Hintergrund und Rahmen einer interaktiven Schaltfläche wie dem Hyperlink können transparent geschaltet werden. Klicken Sie den Hyperlink im Bearbeitungsmodus mit der rechten Maustaste an und wählen Sie dann den Punkt »AutoForm formatieren«. Es öffnet sich ein Fenster, bei dem Sie unter den Punkten »Ausfüllen« und »Linie« die Farbeinstellungen auf »keine Farbe« ändern können. Mit dieser Aktion wird der Link unsichtbar. Der Nachteil ist, dass Sie als Vortragender den Hyperlink während der Bildschirmpräsentation ebenfalls nicht sehen können und daher aus dem Gedächtnis heraus wissen müssen, dass er sich an dieser Stelle befindet. Positionieren Sie daher unsichtbare Hyperlinks möglichst immer an der gleichen Stelle.

Dann wissen Sie stets, wo Ihre Hyperlinks auf jeder Seite platziert sind. Wenn Sie den Hyperlink mit einem eindeutigen Bild verknüpfen, erleichtern Sie sich das Wiederfinden des Hyperlinks. Bei sehr textlastigen Folien hingegen sollten Sie die Querverweise unbedingt an der gleichen Stelle unterbringen, um unnötiges und peinliches Suchen während der Präsentation zu umgehen. Empfehlenswert ist beispielsweise die rechte untere Ecke einer Seite, weil die linke untere Ecke bereits durch PowerPoint-eigene Schaltflächen belegt ist. Zusätzlich empfiehlt es sich, grundsätzlich auf Folientitel (absolute Hyperlinks) anstatt auf die vorherige oder nächste Folie (relative Hyperlinks) zu verweisen.

Sie können grundsätzlich jede Textstelle und jedes Objekt als Hyperlink definieren und diese an jeder Stelle der Folie einfügen. Wenn Sie zum Beispiel einen Hyperlink in die rechte untere Ecke der Folie setzen wollen, können Sie einfach eine interaktive Schaltfläche erstellen. Wie machen Sie das? Sie klicken dazu die Menüleiste »AutoForm« am unteren linken Bildschirmrand an. Dort wählen Sie den Punkt »interaktive Schaltflächen«, wo Sie ein Zeichensymbol wie beispielsweise einen Pfeil auswählen und es daraufhin in der gewünschten Größe an der entsprechenden Stelle einfügen. Sobald Sie das Symbol eingefügt haben, öffnet sich ein Fenster, in dem Sie die Aktionseinstellungen vornehmen können. Hier können Sie angeben, auf welches Dokument und welche Stelle in der Präsentation der Hyperlink verweisen soll. Wählen Sie nun die entsprechende Folie aus, auf die Sie durch einen Klick gelangen wollen.

Wenn Sie auf einen Folientitel verweisen (absoluter Hyperlink), so verlinkt der Hyperlink auch dann noch auf die von Ihnen gewünschte Folie, wenn Sie in der Präsentation Folien einfügen oder löschen. Bei relativen Verlinkungen können unerwartete Situationen entstehen, wenn Sie die Folien der Präsentation umsortiert, aber den Hyperlink nicht angepasst haben.

Tipp für Einsteiger:

Nutzen Sie Verbindungslinien, um die Beziehungen zwischen Objekten darzustellen.

Es liegt auf der Hand, Linien oder Pfeile für die grafische Verbindung zweier Objekte zu nutzen. Der entscheidende Nachteil dieser Methode ist, dass die Verbindungspfeile nicht mit den Objekten verbunden sind. Wenn Sie Objekte mit normalen Linien, zu denen auch der Pfeil gehört, miteinander verbinden und eines der Objekte verschieben, müssen Sie den Pfeil neu erstellen oder zumindest aufwendig modifizieren, da der ehemalige Pfeil nun ins Leere zeigt.

Verbindunglinien hingegen passen sich der Verschiebung von Objekten an. Dabei ist es unerheblich, ob Sie das Objekt verschieben, von dem der Pfeil ausgeht, oder dasjenige, auf das er zeigt.

Um eine Verbindung zu erzeugen, klicken Sie das Feld »AutoFormen« an. Nun können Sie unter dem Punkt »Verbindungen« zwischen verschiedenen Verbindungslinien wählen, die sich beispielsweise in der Form der Pfeile unterscheiden. Um die Verbindungslinien korrekt einzufügen, müssen Sie die Anfangs- und Endlinie mit einem der vier Punkte verbinden, die neben dem Objekt erscheinen. Nur in diesem Fall wird der Pfeil auch beim Verschieben des Objekts angepasst.

Tipp für Einsteiger:

Entscheiden Sie sich bewusst, ob Sie Autoformen direkt beschriften.

Jede flächenförmige Autoform hat ein integriertes Textfeld, das Sie beschriften können, wenn Sie es markieren und dann direkt Ihren Text eingeben.

Ihnen wird auffallen, dass der Text, insbesondere, wenn Sie nicht-standardmä-
ßige Schriftarten nutzen, nicht automatisch zentriert erscheint, sondern horizontal und vertikal leicht verschoben ist. Dies ist ein Grundproblem von PowerPoint, das Sie höchstens dadurch umgehen können, dass Sie ein Textfeld
hinzufügen, dies *über* dem Objekt ausrichten, zentrieren und anschließend
mit dem Objekt gruppieren. Die zusätzliche Ästhetik erkaufen Sie sich mit
höherem Aufwand.

Es bleibt die Hoffnung, dass Microsoft in den nächsten Versionen dieses
optische Defizit korrigiert.

Tipp für Profis:

**Verknüpfen Sie PowerPoint-Diagramme mit Quelldaten, damit
die Daten jederzeit aktuell bleiben.**

In den häufigsten Fällen wird Datenmaterial in Tabellenkalkulationen wie Microsoft Excel hinterlegt. Sie können Ihre Excel-Datei mit PowerPoint verknüpfen. Wenn die Daten, die in die Diagramme einfließen, mit einem Excel-Sheet
verknüpft sind, so ändern sich auch die Diagramme, sobald die Daten im
Excel-Tabellenblatt modifiziert werden.

Um ein Diagramm, das Sie in Excel erstellt haben, auch in PowerPoint
benutzen zu können, müssen Sie dieses zunächst in Excel erzeugen und dann
in die Zwischenablage kopieren. Wählen Sie nun in PowerPoint in dem Menü
»Bearbeiten« den Befehl »Inhalte einfügen« aus. In dem sich nun öffnenden
Fenster klicken Sie zunächst »Link einfügen« und dann »OK« an. Das Diagramm wird nun eingefügt. Jede Änderung der Daten in Excel aktualisiert nun
automatisch die Daten in PowerPoint. Achten Sie bitte darauf, dass sowohl die
Excel- als auch die PowerPoint-Datei gespeichert sind und dass die Excel-Datei
nicht in einen anderen Ordner verschoben wird. Ansonsten kann PowerPoint
nicht auf die Excel-Datei zugreifen.

Auch bei dem Transport Ihrer PowerPoint-Präsentation müssen Sie Ihre
Excel-Datei inklusive Ordnerstruktur berücksichtigen.

Folienübergänge und Animationen

Tipp für Fortgeschrittene:

Legen Sie die Folienübergänge in der Foliensortierungsansicht fest.

PowerPoint und andere Präsentationsprogramme eröffnen Ihnen zahlreiche Möglichkeiten, den Wechsel von einer Folie auf die nächste zu animieren. Es unterliegt Ihrer eigenen Auffassung von Ästhetik, ob und welchen Folienübergang Sie wählen. Beachten Sie allerdings, dass verspielte und pompöse Übergänge die langfristige Aufmerksamkeit Ihrer Zuhörer schwächen und ein unseriöses Licht auf Sie werfen.

Viele Präsentatoren arbeiten aus diesen Gründen ohne oder mit einem sehr dezenten Folienübergang. Keinesfalls sollten Sie Übergänge nutzen, die vom eigentlichen Inhalt ablenken könnten. Achten Sie außerdem darauf, dass alle Folienübergänge in Ihrer Präsentation einheitlich sind. Es wirkt unruhig, wenn Sie auf der ersten Folie Text erscheinen lassen und auf der nächsten Folie Text von links und danach Text von oben ins Bild kommt. Machen Sie sich bewusst, dass es nicht Sinn und Zweck einer Präsentation ist, dem Zuschauer zu zeigen, dass man PowerPoint beherrscht. Sie wollen einen Inhalt vermitteln und das möglichst effektiv. Abwechslung können Sie schaffen, indem Sie den Inhalt auf spannende und kurzweilige Art präsentieren.

In der Folienansicht können Sie allen Folien Ihrer Präsentation mit einem einzigen Befehl denselben Übergang zuweisen. Dafür wählen Sie den Befehl »Alles markieren« im Menü »Bearbeiten« oder alternativ drücken Sie gemeinsam die Tasten »Strg« und »A«. Auch mit der Maus können Sie alle Folien markieren, indem Sie die oberste Folie anklicken und dann mit gedrückter Shift-Taste die unterste Folie anklicken. Alle zwischen Anfangs- und Endfolie liegenden Seiten werden durch diese Aktion markiert.

Nun wählen Sie in dem Dropdown-Listenfeld oben links (oder über die rechte Maustaste) den gewünschten Übergang. Neben diesem Listenfeld befindet sich ein kleines Symbol. Wenn Sie dieses anklicken, können Sie in dem sich öffnenden Feld die Geschwindigkeit des Überganges festlegen, den Übergängen akustische Effekte zuordnen und festlegen, ob die nächste Folie per Mausklick oder automatisch erscheint. Von Übergängen mit akustischen Effekten möchte ich Ihnen aber dringend abraten. Mit Soundeffekten unterlegte Folienübergänge dürften Zuschauer eher an Comicserien erinnern als an eine seriöse Präsentation.

Tipp für Fortgeschrittene:

Setzen Sie Animationen nur ein, wenn sie mit Ihrem Vortrag harmonieren.

Sparsam und bewusst eingesetzt, können Sie mithilfe von Animationen die Aufmerksamkeit der Zuschauer lenken. Ob und wie viele Inhalte einer Folie Sie animieren, hängt von der Wichtigkeit der Folie und der einzelnen Informationen ab. Wenn Sie zum Beispiel eine Folie auflegen, die der Einführung eines Themas dient und dem Zuhörer auf die Schnelle ein paar Vorabinformationen liefern soll, dann sollten Sie auf Animationen verzichten. Auf diese Weise werden Sie Ihren Zuschauern schnell einen Überblick verschaffen. Wenn Sie eine wichtige Folie mit bedeutenden Informationen intensiv besprechen wollen und schrittweises Vorgehen dem Verständnis der Folieninhalte dient, dann sollten Sie die Folie in einer Form animieren, die das Verständnis der Zuschauer fördert.

Auch komplexe Strukturdiagramme, die aus mehreren Ebenen, Gruppierungen und Verbindungspfeilen bestehen, sind nicht allzu einfach zu verstehen. Wenn Sie jeweils Sinneinheiten einblenden und somit gemeinsam mit Ihren Zuschauern die Struktur herleiten, helfen Sie ihnen damit, die Komplexität zu meistern.

Tipp für Fortgeschrittene:

Animieren Sie Sinneinheiten.

Sicherlich kennen Sie das Phänomen, dass eine Textfolie, die in ihrer Gesamtheit eingespielt wird, von den meisten Zuschauern sofort ganz gelesen wird, auch wenn der Vortragende noch über die erste Zeile spricht. Da sich die wenigsten *entweder* voll auf die Folie *oder* voll auf den Vortragenden konzentrieren können, wird eine Mixtur aus Gesprochenem und Geschriebenem erzeugt, die in den wenigsten Fällen im Gedächtnis bleibt.

Dieses Phänomen umgehen Sie, indem Sie die Folie Sinneinheit für Sinneinheit freigeben. So können Sie sicher sein, dass der Zuschauer mit seiner vollen Aufmerksamkeit an der Stelle ist, über die Sie sprechen. Bei Programmen wie PowerPoint haben Sie die Möglichkeit, Buchstaben, Wörter, Sätze oder Zeilen einzeln im Bild erscheinen zu lassen. Achten Sie bitte darauf, dass Sie die Einheiten, die Sie erscheinen lassen, nicht zu klein wählen.

Machen Sie nach dem Einblenden von umfangreichen Sinneinheiten einen Moment Pause. Sofern es sich um einzelne Schlagwörter handelt, die Sie einblenden, können Sie selbstverständlich auf eine zu lange Kunstpause verzichten. Wenn Sie ganze Sätze zeigen, sollten Sie Ihrem Publikum hingegen die Möglichkeit eröffnen, einen Augenblick über das an die Wand Projizierte zu reflektieren.

Vorbereitung

Die sorgfältige Vorbereitung bildet die Grundlage für das spätere Gelingen Ihrer Darbietung.
Außerdem reduzieren Sie durch eine gründliche Vorbereitung auch Ihr Lampenfieber.

Fragen, Back-up und Notfallplan

Selbst wenn Sie vor der Präsentation die Verbindung zwischen Projektor oder Laptop mehrfach überprüft und durchgespielt haben, sollten Sie für Notfälle vorbereitet sein.

Tipp für Fortgeschrittene:

Halten Sie einen Notfallplan für mögliche Hindernisse und Pannen parat.

Ein Totalausfall von Laptop oder Projektor während der Präsentation lässt sich nicht vollständig ausschließen. Ihr Notebook kann von einem Virus befallen sein oder einen schwerwiegenden Festplattenfehler aufweisen. Selbst wenn Sie regelmäßig ein Back-up durchführen, hilft Ihnen das ad hoc nicht, wenn Ihnen die Zeit für eine Wiederherstellung ihrer Daten fehlt oder Sie das Back-up-Medium zu Hause oder im Büro haben. Der vollständige Ausfall von Overheadprojektor oder Notebookprojektor ist zwar unwahrscheinlich, aber nicht ganz ausgeschlossen. Selbst wenn Ersatzbirnen verfügbar sind, kann ein weiteres Problem auftreten.

Kompetenter wirken Sie, wenn Sie für diesen Störfall vorgesorgt haben. Wenn selbst der Projektor ausfällt, bleibt Ihnen nichts anderes übrig, als Ihren Vortrag verbal zu halten und ihn gegebenenfalls durch Aufzeichnungen am Flipchart zu illustrieren.

Tipp für Fortgeschrittene:

Erstellen Sie eine Liste möglicher Fragen und ihrer Antworten.

»Was mache ich denn, wenn blöde Fragen kommen?« fragte vor Kurzem ein Teilnehmer im Einzelcoaching. Wir fertigten eine Liste aller wahrscheinlichen (auch der unangenehmen) Fragen an und überlegten uns die

Antworten dazu. Wir trainierten dann die Fragen und die Antworten. Gefestigt ging er in seinen Vortrag. Er wusste genau, dass ihn nun keine Frage aus der Ruhe bringen konnte. Er rief mich nach dem Vortrag an und war überrascht darüber, dass die Fragen und Angriffe gar nicht so schlimm waren, wie wir es vorher geübt hatten: »Es ging viel leichter, als ich vermutet hatte!«

Fragen zeigen, dass Ihre Zuhörer sich Gedanken über das Thema machen. Die meisten Redner freuen sich allerdings gar nicht über Interaktion seitens des Publikums. Damit Sie aber diese Freude erleben können, sollten Sie sich zunächst ausreichend auf mögliche Fragen vorbereiten. Ratsam ist es, eine Liste mit allen möglichen Fragen anzufertigen. Schreiben Sie auch unliebsame Fragen auf und überlegen Sie sich vorher in aller Ruhe die passenden Antworten darauf. Es ist keine Schande, wenn Sie eine Frage nicht beantworten können. Sie sollten dies direkt zugeben. Ehrlichkeit und Aufrichtigkeit überwiegen in der Regel über Antworten, die fachlich unqualifiziert oder im schlimmsten Fall schlichtweg falsch sind. Natürlich sollte dies nur selten vorkommen, aber wenn es einmal der Fall ist, bietet es sich an, die Antwort nachzureichen.

Tipp für Fortgeschrittene:

Bereiten Sie »Back-up-Folien« vor.

Es wirkt professionell, wenn Sie spezifisches Datenmaterial für penetrante oder einfach nur interessierte Nachfrager parat haben. Da gerade Daten binäre Wahrheitsaussagen zulassen (wahr/falsch), helfen Ihnen »Back-up-Daten«, korrekte Aussagen zu machen. Mit interessierten oder kritischen Zuhörern können Sie dann Schritt für Schritt die Annahmen plausibilisieren und Ihre Argumente faktengestützt untermauern.

Zu Back-up-Folien können Sie recht einfach springen, indem Sie Hyperlinks auf den entsprechenden Folien setzen und diese dann nur bei Bedarf oder auf Rückfrage anklicken.

Back-up-Folien sollten allerdings auf ihre Funktion reduziert werden: Sie sind ausschließlich für Notfallsituationen gedacht und sollten nicht regulär als Fortsetzung Ihrer üblichen Präsentation gezeigt werden.

Mentale Stärke

Tipp für Fortgeschrittene:

Nutzen Sie die Suggestionstechnik der Profisportler.

Suggestion bedeutet zunächst, jemanden zu beeinflussen, ohne dass dieser Manipulationsversuch in das Bewusstsein des Zielsubjekts dringt. Autosuggestion bezeichnet überdies, dass versucht wird, das eigene Ich zu beeinflussen.

Leistungssportler arbeiten schon seit einiger Zeit mit Suggestivtechniken. Wenn sich ein Golfer vor dem Abschlag vor Augen führt, wie der Ball erfolgreich über das Green ins Loch rollen wird und zusätzlich zuversichtliche Phrasen wie: »Abschlag ganz ruhig und zielgerichtet« oder »Ich spiele hochkonzentriert« in seiner Vorbereitung wiederholt, wirken sich diese Mentalbotschaften tatsächlich auf sein Verhalten aus.

Für Ihre Zwecke übersetzt heißt das, dass Sie unerwünschter Angst oder Zurückhaltung bereits vor dem Vortrag wirksam entgegenwirken können – mit Autosuggestionen. Stellen Sie sich vor, dass die Rede bei Ihren Zuhörern gut ankommt. Wenn Sie daran glauben, dass Ihre Rede für die Zuhörenden Wert schafft, so sinkt das Lampenfieber gewiss.

Wichtig ist, dass Sie daran glauben, was Sie sich selbst sagen. Es nützt überhaupt nichts, wenn Sie sich sozusagen »einreden«, dass Sie etwas können, in Wirklichkeit aber eben nicht daran glauben. Sie müssen das, was Sie erreichen wollen, positiv formulieren. Das Unterbewusstsein kennt nämlich keine Verneinungen. Versuchen Sie doch einmal zum Beispiel nicht an einen Elefanten zu denken. Oder denken Sie nicht an eine Mohrrübe. Und? Es funktioniert garantiert nicht! Sagen Sie deshalb statt: »Ich will nicht aufgeregt sein!« lieber: »Ich bin ruhig!« Es ist zudem empfehlenswert, sich diese Formulierung in der Gegenwartsform einzuprägen. Die Wirkung zeigt sich natürlich nicht beim ersten Mal, sondern nach einem stetigen Immer-wieder-Aufsagen. Am besten nehmen Sie sich ein kleines Blatt Papier und schreiben sich diesen Satz als selbsterfüllende Prophezeiung auf. In den Seminaren macht dies jeder mit einem Satz, der für ihn eine wichtige Bedeutung hat. Der eine notiert den eben erwähnten Satz, ein anderer den Satz: »Ich stehe ganz ruhig!« und wieder ein anderer: »Ich spreche langsam!« Gute Suggestionen zeigen in der Regel schnell Wirkung. Und auch Eigenschaften Ihrer Persönlichkeit und Angewohnheiten lassen sich mithilfe der Autosuggestion steuern.

Sicherlich ist Ihnen beim Lesen dieses Buches der eine oder andere Tipp bezüglich Ihres Verhaltens aufgefallen, den Sie gerne übernehmen wollen. Das Erkennen ist aber noch lange nicht die Gewähr dafür, dass Sie dieses Verhalten ab sofort in Ihr Leben integrieren. Empfehlenswert ist, dass Sie sich zunächst selbst positiv programmieren. Hierfür eignen sich am besten positiv formulierte Sätze – in der Ich-Form und in der Gegenwart formuliert.

Wenn Sie beispielsweise der Meinung sind, dass Sie zu schnell sprechen, ist es sinnvoll, wenn Sie sich den Satz »Ich spreche langsam!« auf einen Zettel schreiben. Diesen Zettel sollten Sie so aufbewahren, dass Sie ihn jeden Tag mindestens einmal ansehen, um die selbsterfüllende Prophezeiung des langsamen Sprechens auch wahr werden zu lassen. Der Erfolg stellt sich meist nach einiger Zeit ein. Sie werden nach und nach nicht mehr so schnell sprechen.

Sollten Sie mehrere Eigenarten verändern wollen, ist es zweckmäßig, wenn Sie sich stets nur eine einzige Aufgabe stellen. Sie können beispielsweise das Motto der Woche daraus machen. Wenn Sie der Meinung sind, dass das Thema jetzt für Sie ausgereizt ist, wechseln Sie den Zettel mit der entsprechenden Programmierung.

Tipp für Fortgeschrittene:

Bewegen Sie sich in der Entwicklungszone.

Grundsätzlich lassen sich Situationen hinsichtlich ihres »Wohlfühlgrades« charakterisieren, die sie bei Betroffenen hervorrufen. Zu unterscheiden sind drei verschiedene Abstufungen:

- In der *Komfortzone* fühlen Sie sich wohl und zufrieden.
- Die *Entwicklungszone* konfrontiert Sie mit Neuem, Unvorhergesehenem und kann Sie in Unsicherheit versetzen, sodass Sie nicht wissen, welche Konsequenzen Ihr Handeln haben kann.
- Die *Chaoszone* hingegen ist geprägt von einem Zuviel an Neuem und überlastet den Protagonisten systematisch. Resultat dieses Zustandes ist – wie die Bezeichnung dieses Zustandes schon vermuten lässt – Chaos.

Die Grundregel lautet, sich öfter in der Entwicklungszone zu bewegen und diese auch genießen zu lernen.

Chronische Angstzustände werden gemeinhin kuriert, indem Ärzte den betroffenen Patienten immer und immer wieder kontrolliert denjenigen Situationen aussetzen, die Angst hervorrufen. Diesen Trick können Sie sich ebenfalls zunutze machen. Trainieren Sie, Ihr Selbstbewusstsein zu stärken, indem Sie bewusst Situationen eingehen, die außerhalb Ihrer täglichen Komfortzone liegen.

Dieses Vorgehen wird Sie zudem in Anpassungsfähigkeit beziehungsweise Flexibilität schulen. Flexibilität ist eine wichtige Eigenschaft, die einem auch in unsicheren Situationen hilft, Ruhe zu bewahren. Trainieren Sie sie gezielt, indem Sie Veränderungen in gewohnte Bahnen bringen.

> Wenn zum Beispiel jeder in Ihrer Familie beim Essen seinen Stammplatz hat und Sie ständig auf die Einhaltung achten, so verändern Sie die Plätze doch einmal. Dies ist am Anfang ungewohnt, bringt aber neue Eindrücke mit sich.

Seien Sie kreativ und rechnen Sie daher mit allem Möglichen bei Ihrem Vortrag. Egal was passiert, es sollte Sie nicht aus der Ruhe bringen. Es ist nur etwas anders als geplant.

Tipp für Fortgeschrittene:

Wandeln Sie negative in positive Bilder um.

Statt negative Gedanken zu nähren, wandeln Sie sie in positive um. Stellen Sie sich beispielsweise einmal eine Situation vor, in der Sie einen Vortrag halten sollen. Stellen Sie sich die Zuhörer vor Ihrem inneren Auge vor und bestimmen Sie selbst, ob diese freundlich oder skeptisch aussehen. Wenn einige grimmig schauen, suchen Sie weiter in den Reihen nach Zuhörern, die freundlich blicken. Konzentrieren Sie sich nur auf diese. Jetzt kommt eine dieser ungeliebten Zwischenfragen und Sie sehen im Geiste, wie Sie eine kompetente und überzeugende Antwort geben und wie der Kritiker, den Sie vorhin mit Ihrem geistigen Auge übergangen haben, sogar zufrieden nickt.

Sie stellen sich vor, wie der Vortrag zu Ende geht und Sie Applaus ernten. Sie erhalten deutlich mehr Applaus, als Sie vorher gedacht haben. Sie genießen diesen und freuen sich auf den nächsten Vortrag. Versuchen Sie, negative Bilder selbst umzuwandeln.

Tipp für Einsteiger:

Legen Sie Ihren Perfektionismus ab.

Die beste Chance, Ihr Lampenfieber zu behalten, besteht dann, wenn Sie absolute Perfektion anstreben. Denn in diesem Fall ärgern Sie sich übermäßig über Ihre Fehler und übersehen alles, was Sie gut gemacht haben. Perfektionisten hegen übersteigerte Ansprüche sich selbst gegenüber. Langfristig ist dies zweifellos ein selbstdestruktives Verhalten, weil diese Erwartungen vermutlich enttäuscht werden.

Natürlich soll dies kein Freibrief für Schlamperei oder für das Setzen von anspruchslosen Minimalzielen sein. Aber Sie sollten einplanen, dass auch Perfektionisten Fehler unterlaufen dürfen. Versuchen Sie es einfach mit Humor zu nehmen.

Tipp für Einsteiger:

Üben Sie Selbstsicherheit.

Beeindruckt war ich von einem Seminarteilnehmer, der sehr selbstbewusst war und seinen allerersten Vortrag, den er je gehalten hat, überraschend souverän präsentierte. Er war vorne vor der Gruppe einfach überhaupt nicht aufgeregt, und das wirkte sich auf den gesamten Vortragsstil aus. Er kam gar nicht auf die Idee, dass etwas schiefgehen könnte.

Die Empfehlung: »Seien Sie ruhig und selbstsicher während des Vortrages!« ist natürlich leichter gesagt als getan. Sie können Ihre Selbstsicherheit durch Mentaltraining steigern und indem Sie Ihre Komfortzone verlassen. Nutzen Sie Übungsfelder, auf denen Sie, ohne die Gefahr des Reputationsverlustes oder Sanktionen in Kauf nehmen zu müssen, Ihr Verhalten trainieren können. Das könnten beispielsweise Initiativvorträge sein, Vortragstrainings in einem Rednerkreis, das Einüben von Small Talk oder das Zur-Rede-Stellen von Vordränglern an der Supermarktkasse. In all diesen Situationen können Sie halbwegs anonym agieren und ohne Erwartung von Sanktionen Ihre Selbstsicherheit üben.

Achten Sie darauf, nicht unterwürfig zu sein. Präsentieren Sie aufrichtig und stehen Sie für die Inhalte und Fehler ein, die Sie machen. Ihr Publikum besteht auch nur aus Menschen, denen gleichfalls Fehler unterlaufen.

Raum und Medien

Oftmals hat man als Vortragender die Möglichkeit, auf die Raumgestaltung Einfluss zu nehmen. Falls Ihnen diese Möglichkeit nicht vom Veranstalter angeboten wird, ergreifen Sie die Initiative.

Tipp für Einsteiger:

Nehmen Sie Einfluss auf Raumauswahl und Gestaltungsmöglichkeiten.

Klären Sie folgende Punkte:

- Rednerpult, Standort für das Pult,
- Auswahl eines Raumes mit ausreichender Größe,
- Technik,
- Techniker anwesend oder rufbereit (Telefonnummer),
- Verlängerungskabel,
- Positionierung der Leinwand,
- Mikrofon: Headset, Handmikro oder feststehendes,
- Bestuhlung.

Tipp für Fortgeschrittene:

Tragen Sie die Verantwortung für die Auswahl Ihrer Medien.

Als Vortragender haben Sie oftmals die Möglichkeit, auf die Gegebenheiten Einfluss zu nehmen:

- Mikrofon,
- Rednerpult, Art und Standort im Raum,

- Projektor,
- Leinwand,
- Lautsprecher,
- sonstige Medien und Demonstrationsmaterial.

Nutzen Sie eine Checkliste, die Sie dem Veranstalter vorher zukommen lassen. Vereinbaren Sie *verbindlich*, welche Medien bereitgestellt werden sollen. Dazu sollten Sie Absprachen unbedingt schriftlich festlegen, anstatt sie mündlich oder telefonisch zu fixieren. So stellen Sie sicher, dass Vereinbartes tatsächlich eingehalten wird.

Tipp für Profis:

Nutzen Sie eine schnurlose Maus oder einen Funk-Presenter.

Mithilfe einer Funkmaus oder einem Presenter – ob nun per Funk oder Infrarot – können Sie sich frei im Raum bewegen und trotzdem die Folienübergänge von PowerPoint steuern. Dies erlaubt Ihnen einen größeren Aktionsradius und eine natürlichere Körpersprache. So müssen Sie sich nicht mehr umständlich zu Ihrem Computer herunterbeugen, um einen Folienübergang anzustoßen. Ein einfacher Klick mit der Funkmaus, den Sie von überall im Raum ausführen können, reicht völlig aus. Sorgen Sie allerdings grundsätzlich für Ersatzbatterien. Stellen Sie außerdem sicher, dass Tasten auf der Maus, die Sie für die Präsentation nicht benötigen, deaktiviert sind. Selbstverständlich ist auch diese Form der Technik nicht unanfällig gegenüber Ausfällen. Das sollten Sie unbedingt beachten, damit Sie keine bösen Überraschungen erleben.

Tipp für Einsteiger:

Testen Sie die Technik mit ausreichend Pufferzeit.

Versetzen Sie sich in folgendes Szenario: Sie haben Ihren Laptop an den Projektor angeschlossen und starten Ihre Bildschirmpräsentation. Sie sehen auf dem Bildschirm Ihres Laptops die gewünschte Präsentation, doch die Leinwand bleibt schwarz. In 90 Prozent der Fälle lösen Sie das Problem wie folgt:

Auf einer Ihrer Funktionstasten (in der Regel F4, F8, F10 oder F12) ist entweder ein Symbol für die Leinwand oder die Buchstabenfolge LCD oder Ähnliches zu sehen. Diese Funktionstaste drücken Sie gleichzeitig mit der Fn-Taste. Da es drei mögliche Einstellungen gibt, sollten Sie die Tastenkombination so oft drücken, bis sowohl auf dem Bildschirm als auch auf der Leinwand das Bild zu sehen ist. Sollte der Bildschirm auch nach Drücken dieser Tastenkombination noch schwarz bleiben, sollten Sie die Verkabelung und die Anschlüsse überprüfen. Viele Projektoren haben zwei Ausgänge, sodass eventuell das Kabel am Projektor umgesteckt werden muss oder es muss am Projektor der andere Ausgang angesteuert werden.

Die Audioanlage und das Mikrofon sollten Sie ebenfalls testen. Falls Sie auditive Inhalte von externer Quelle einspielen (Laptop, iPod oder anderen Medien), sollten Sie die Toneinstellungen prüfen. Stellen Sie die Lautstärke an Ihrem Laptop so ein, dass Sie später keine umständlichen Einstellungen mehr vornehmen müssen.

Lampenfieber

Das Lampenfieber kann von einer angenehmen Anspannung, die einen wach und aufmerksam hält, bis zum völligen Blackout variieren. Mit der Menge der positiven Erlebnisse von gehaltenen Reden oder Präsentationen sinkt das Lampenfieber zunehmend. Trotz vieler Erfahrung bleibt selbst bei manchen Profis ein gewisses Lampenfieber bis ins hohe Alter erhalten. Das Lampenfieber sinkt hauptsächlich durch eine gute Vorbereitung und die richtige Einstellung. Wenn Sie im Thema kompetent sind und sich ausführlich auf den Vortrag oder die Präsentation vorbereitet haben, ist dies bereits eine gute Ausgangssituation.

Das Lampenfieber tritt vor allem bei neuartigen oder ungewohnten Situationen auf. Der erste Fernsehauftritt, die erste Rede vor einem größeren Publikum, eine wichtige Präsentation vor dem Vorstand … Wenn sehr viel von diesem Auftritt abhängt, kann dieser zur Herausforderung werden. Wenn Sie dann merken, wie Ihr Herz anfängt zu rasen und Sie das Lampenfieber richtig spüren, können drei Techniken rasche Abhilfe schaffen.

Tipp für Fortgeschrittene:
Vermindern Sie Ihr Lampenfieber durch Ihren Tastsinn.

Einen Vortrag in einer fremden Umgebung zu halten, stiftet für die meisten von uns zusätzliche Nervosität. Wenn Sie die nächste Rede in Ihrem Wohnzimmer halten müssten, wären Sie wahrscheinlich weniger aufgeregt, als in einer fremden, ungewohnten Umgebung.

Ein erfahrener Seminarleiter gab mir am Anfang meiner Tätigkeit als Referent den Tipp, mich mit dem neuen Ort vorher vertraut zu machen, indem ich meinen Tastsinn aktiv verwende. Ich sollte, bevor noch jemand anderes im Raum sei, die Fenster öffnen oder schließen, Tische rücken und die Vorhänge oder Wände mit meinen Händen berühren. Anfangs fand ich diese Vorgehensweise etwas merkwürdig – und den meisten Seminarteilnehmern geht es da

ähnlich. Vom Kopf her können wir es zwar nachvollziehen, aber wenn es jemand aktiv tun soll, so kommt er sich bisweilen doch etwas eigenartig vor. Die Wirkung ist allerdings schnell ersichtlich.

Probieren Sie es doch einfach einmal aus. Sie werden sehen, es funktioniert. Der Raum wird Ihnen vertrauter und Ihre Unsicherheit verringert sich schnell. Die Idee, die dahintersteckt, ist ganz einfach: Anstatt dass Sie über den bevorstehenden Vortrag und alle möglichen Pannen nachdenken, können Sie aktiv etwas tun. Extrovertiert statt introvertiert. Ein kleiner Tipp, der eine große Wirkung hat.

Nicht immer haben Sie die Möglichkeit, den Raum durch Ihren Tastsinn wahrzunehmen. Es ist durchaus eine übliche Situation, dass Sie in der ersten Reihe im Publikum sitzen und auf Ihren Auftritt warten. Wenn Sie dann merken, dass das Lampenfieber stärker wird, hilft eine an das NLP (Neuro-Linguistisches Programmieren) angelehnte Technik. Dabei gehen Sie geistig an die am weitesten entfernten Eckpunkte des Raumes und setzen dort geistige Aufmerksamkeitspunkte (Anker) hin.

Tipp für Einsteiger:

Reduzieren Sie das Lampenfieber durch geistige »Anker«.

Sie machen somit praktisch Ihren geistigen Raum groß und befinden sich im Hier und Jetzt, statt über mögliche Pannen nachzugrübeln. Das »Ankern« dauert pro Aufmerksamkeitspunkt jeweils nur eine Sekunde, ist aber außerordentlich hilfreich. Probieren Sie es einfach einmal aus. Es funktioniert auch dann, wenn Sie sich »eingedrückt« oder »klein« fühlen.

Die dritte Möglichkeit, wie Sie Ihren Pulsschlag und somit Ihr Lampenfieber wieder in den Griff bekommen, ist eine Atemtechnik der Biathleten (s. gegenüberliegende Seite). Genau wie beim Sport atmet man mit Lampenfieber zu schnell, der Puls geht hoch, was sich negativ auf den gesamten Organismus auswirkt. Die leichteste Möglichkeit, Puls und Atmung wieder auf normale Geschwindigkeit zu bekommen, ist eine bewusste Atmung.

Tipp für Einsteiger:

Verwenden Sie die Technik der Biathleten, um Ihr Lampenfieber schlagartig zu reduzieren.

Der Tipp, den mir vor etwa zehn Jahren ein Biathlet gegeben hat, funktioniert überraschend gut. Die Technik ist ganz einfach: Sie atmen drei Sekunden tief ein und dann ungefähr zehn Sekunden langsam aus. Probieren Sie es aus. Den meisten passiert es, dass sie nach drei bis vier Sekunden Ausatmen keine Luft mehr haben und somit auch nicht insgesamt zehn Sekunden lang ausatmen können. Sie können dies erreichen, indem Sie das Ausatmen dosieren. Beispielsweise können Sie Ihre Lippen nur einen Spalt öffnen und mit der »Lippenbremse« das Ausströmen der Luft verringern. Durch diese Lippenbremse können Sie leicht 10, 15, 20 Sekunden und noch länger ausatmen. Mit etwas Übung geht dies ohne Lippenbremse und ganz unauffällig.

Diese drei Techniken (Tastsinn verwenden, Ecken ankern, Atemtechnik mit Lippenbremse) sind aus meiner Erfahrung die wirksamsten Möglichkeiten, das Lampenfieber schnell und effizient zu reduzieren.

Standort

Bei einer kleineren Gruppe ist eine im Sitzen dargebotene Form der Präsentation meistens vollkommen ausreichend. Bei größerer Gruppenstärke empfiehlt es sich allerdings, im Stehen vorzutragen. Wenn Sie stehen, können Sie außerdem mehr Dynamik und Ausdruck in Ihre Darbietung bringen. Manchmal kann es ein gutes Stilmittel sein, an einer Stelle aufzustehen, um etwas an der Wand vorne zu demonstrieren und somit einer besonderen Stelle eine besondere Aufmerksamkeit zu widmen.

Tipp für Einsteiger:

Wählen Sie Ihre Position und Standort bewusst aus.

Die Intensität des Kontaktes zum Publikum wird maßgeblich durch die Wahl Ihres Standortes beeinflusst.

Je größer der Abstand zu den Zuhörern, umso schwerer ist es, Kontakt aufzubauen. Je weiter entfernt Sie sind, desto kleiner und distanzierter wirken Sie, desto leiser ist Ihre Stimme und desto weniger wirksam Ihre Vorträge.

Bei Rockkonzerten reichen deshalb Laufstege von der Bühne ins Publikum. So kann der Künstler hautnah bei seinen Fans sein. Und ähnlich verhält es sich bei Vorträgen und Präsentationen.

Tipp für Profis:

Planen Sie Ihre Vortragsstandorte und Ihre Laufwege sorgfältig.

Überlassen Sie es nicht dem Zufall oder der Gewohnheit, wo Sie stehen, sondern überlegen Sie sich ganz genau, wo Sie welche Botschaft mit welcher Körperhaltung vermitteln werden.

Selbst bei routinierten Präsentatoren habe ich schon öfters gesehen, dass diese im Weg gestanden haben und die Zuschauer deshalb die Informationen an der Leinwand nicht sehen konnten.

Tipp für Einsteiger:

Achten Sie darauf, dass Ihre Zuschauer die wichtigen Informationen gut sehen können.

Leider sagen nur wenige Zuschauer Bescheid, wenn der Redner im Sichtfeld steht. Daher ist es Ihre Aufgabe, darauf zu achten, den Zuhörern nicht die Sicht zu nehmen. Sie sollten sich also so positionieren, dass Sie niemandem den Blick versperren. Zudem sollten Sie an einer Stelle stehen, an der Sie leicht Blickkontakt aufbauen und halten können.

Grundsätzlich sollten Sie darauf achten, dass sich Ihr Publikum immer vor Ihrer Körperachse befindet. Mit Körperachse meine ich die Linie, die entsteht, wenn Sie Ihre beiden Arme ausstrecken.

Tipp für Einsteiger:

Positionieren Sie sich so, dass alle Zuhörer normalerweise vor Ihnen sind.

Vermeiden Sie es, zur Wand zu sprechen und Texte direkt von den projizierten Folien abzulesen.

Nicht immer lässt es die Raumarchitektur und die Position der einzelnen Medien und der Zuschauer zu, vollends zu vermeiden, dem Publikum den Rücken zuzudrehen. Dies kann passieren, wenn Sie etwas an ein Whiteboard, auf ein Flipchart oder an eine Tafel schreiben, ein Zitat von einer Folie ablesen oder an einer Position stehen, wo sich einige Personen hinter Ihrer Körperachse befinden. Trotzdem ist es genau dann wichtig, dass Ihre Aufmerksamkeit voll bei den Zuschauern bleibt.

Tipp für Fortgeschrittene:

Behalten Sie die Aufmerksamkeit beim Publikum, selbst wenn sich dieses einmal hinter Ihrer Körperachse befindet.

Mit diesem Tipp ist gemeint, dass Sie auch zum Publikum sprechen, selbst wenn Sie einmal keinen Blickkontakt haben. Der Unterschied ist deutlich spürbar, je nachdem, wo Sie als Vortragender Ihre Aufmerksamkeit haben. Wenn Sie in Ihr Notebook schauen und sich darin vertiefen, werden Sie den Kontakt zum Publikum verlieren. Sind Sie allerdings geistig bei Ihrem Publikum, können Sie ruhig auch mal zum Notebook oder zur Wand sprechen.

Der Unterschied ist nicht hauptsächlich an der Lautstärke wahrnehmbar, sondern vor allem an der spürbaren Intention. So können Sie durchaus leiser sprechen, wenn Ihre Kommunikation zielgerichtet ist und das Publikum erreicht. Besonders deutlich wird die Wirkungsweise von zielgerichteter Kommunikation bei der Führung von Hunden. Hunde spüren ganz genau, wer absichtsvolle Befehle gibt und wer nicht.

Durchführung

Jetzt ist es soweit: Sie haben sich ausreichend vorbereitet und der große Tag ist gekommen. Jetzt schauen alle auf Sie und es gibt kein Zurück mehr. Es ist Ihr Auftritt. Sie stehen im Mittelpunkt. Machen Sie das Beste daraus und versuchen Sie, es so gut wie möglich zu genießen.

Einstieg

In den ersten Sekunden entscheiden die Personen, die Sie erleben, unterbewusst über Sympathie oder Antipathie Ihnen gegenüber. Diese Chance sollten Sie auf keinen Fall vertun. In nur wenigen Sekunden ist die Grundhaltung Ihrer Zuschauer Ihnen gegenüber geprägt. Mögen Sie nach einem ungünstigen Anfang auch noch so überzeugen, der erste Eindruck ist kaum zu revidieren.

Aufmerksamkeit gewinnen. Daher muss der erste Satz sitzen. Warten Sie, bis Ihnen alle Aufmerksamkeit zuteilwird. Sie sollten Blickkontakt suchen, das Mikrofon in die Hand nehmen und mit einem Lächeln freundlich in die Runde schauen, das eindeutig signalisiert, dass Sie anzufangen planen.

Sollten diese nonverbalen Signale einmal nicht reichen, um alle Blicke auf Sie zu lenken, weil sich einige Zuschauer beispielsweise von Ihnen abgewendet haben oder sich gerade mit anderen unterhalten, so fangen Sie einfach an, das Publikum laut zu begrüßen. Lassen Sie nach der Begrüßung eine kurze Pause und begrüßen Sie das Publikum, das Ihnen nun ungeteilte Aufmerksamkeit schenkt, mit anderen Worten erneut. Zum Beispiel:

> »Meine sehr geehrten Damen und Herren ...« (Pause) »Ich begrüße
> Sie ganz herzlich, meine sehr verehrten Damen und Herren, zu unserer
> heutigen Veranstaltung«.

Orientierung bieten. Stellen Sie sich unmittelbar danach mit Vor- und Nachnamen vor und helfen Sie Ihrem Publikum bei der Standortbestimmung und der geplanten Marschrichtung durch die Präsentation, indem Sie die einzelnen Kapitel kurz vorstellen und begründen, warum gerade diese gewählt wurden.

Kompetenz vermitteln. Insbesondere in Fällen, in denen Sie Ihrem Publikum noch unbekannt sind, werden Ihre Zuhörer Sie genau mustern und versuchen festzustellen, welche Qualität und Aussagekraft Ihre Äußerungen tragen. Daher geht es zunächst darum, Ihre Kompetenz und Qualifizierung adäquat, also weder übertrieben selbstdarstellerisch noch tiefstapelnd, zu vermitteln. Dazu können Sie Exempel aus Ihrer Beratungspraxis nennen, Anekdoten erzählen, in denen Sie hintergründig als Experte erscheinen oder in Ihrem Einstiegsstatement von Ihrer Berufspraxis oder Ihren akademischen Stationen berichten.

Tipp für Fortgeschrittene:

Nehmen Sie Bezug auf aktuelle Ereignisse.

Mit einer gelungenen Einleitung haben Sie die größte Hürde beim Präsentieren bereits genommen. Einen flüssigen Übergang in das von Ihnen vorgestellte Thema schaffen Sie, indem Sie ein aktuelles Ereignis aufgreifen oder eine Brücke zu Inhalten Ihres Vorredners schlagen. Wenn der Vorredner bereits ein Thema angesprochen hat, das Sie weitervertiefen möchten, so können Sie dies als Einstieg verwenden. Dagegen sollten Sie es vermeiden, Ihren Vorredner bloßzustellen oder zu beschimpfen.

Die gelungensten Einstiege sind erfahrungsgemäß diejenigen, die konkret Bezug auf geteilte Erfahrungen zwischen Referenten und Publikum nehmen. Vermeiden Sie Themen, die negativ behaftet sind. Empörung oder Diffamierung, selbst wenn Sie vom Großteil Ihres Publikums mitgetragen wird, fällt zuletzt auf Sie zurück und stellt Sie in ungünstiges Licht.

Tipp für Einsteiger:

Stellen Sie zu Beginn Ihres Vortrages Ihre Gliederung vor und bieten Sie Ihren Zuhörern ständig Orientierung.

Zu jeder Zeit sollte Ihre Zuhörerschaft darüber informiert sein, an welcher Stelle der Gesamtveranstaltung sie sich gerade befinden. Damit sichern Sie sich die Aufmerksamkeit Ihrer Zuhörer über die ganze Präsentation hinweg und sorgen dafür, dass sie sich jederzeit orientieren können. Wenn Ihr Publikum immer den roten Faden Ihres Vortrages erkennt, kann es sich seine Energie und Aufmerksamkeit besser einteilen. Viel wichtiger noch: Orientierung erlaubt es, die Inhalte viel besser in mentale Kontexte einzuteilen und abzuspeichern. Somit wird der Abruf der Inhalte erleichtert.

Ihnen stehen mehrere Möglichkeiten offen, für Orientierung zu sorgen.

- Zum einen bieten Seitenzahlen der Form »*Seite x von x*« einen guten Überblick, an welcher Position der Gesamtpräsentation man sich befindet.
- Eine andere Option ist, ein ständiges, *knappes Inhaltsverzeichnis* auf jede Seite zu drucken und den aktuellen Fortschritt dadurch zu kennzeichnen, dass Sie das aktuelle Kapitel farbig oder schattiert hervorheben.
- Drittens können Sie die gesamte Präsentation mit *Übersichtsfolien* versehen, die genau anzeigen, wann ein Kapitel aufhört und wann ein neues Kapitel beginnt.

Die Gliederungen und Orientierungshinweise sind natürlich nur bei längeren Präsentationen sinnvoll und notwendig. Wenn Ihre gesamte Präsentation nur zehn Minuten dauert, kann die Inhaltsangabe entfallen. In manchen Fällen bietet es sich an, die Inhaltsangabe als Stichpunkte auf einem Flipchart aufzulisten, die dann während der Präsentation abgehakt werden.

Interaktion

Tipp für Einsteiger:

Konzentrieren Sie sich auf die konstruktiven Zuhörer!

Während des Vortrages neigt man oft dazu, denjenigen Personen Aufmerksamkeit zu schenken, die einen missgünstig oder sonderbar anschauen. Kritiker, die ihrer Skepsis durch eine gerunzelte Stirn, offenem Mund und hochgezogenen Augenbrauen Ausdruck verleihen, machen uns nervös und ziehen unsere Aufmerksamkeit auf sich.

Das hilft Ihnen langfristig allerdings nicht weiter. Konzentrieren Sie sich lieber auf diejenigen, die Ihnen wohlgesinnt sind und interessiert schauen. Bedenken Sie: Worauf Sie die Aufmerksamkeit lenken, das wird sich verstärken.

Wenn Sie sich nicht sofort durch Skeptiker und Kritiker beeinflussen oder gar stören lassen, werden die positiv gestimmten Zuhörer diese meistens nachziehen.

Tipp für Fortgeschrittene:

Klären Sie vor Beginn Ihres Vortrages, wie Sie mit Fragen umgehen werden.

Bereits in der Einleitung Ihres Vortrages sollten Sie Ihrem Publikum verdeutlichen, wie Fragen gehandhabt werden, die währenddessen aufkommen. Dann klären Sie Ihre Erwartungen gleich mit denjenigen der Anwesenden ab und garantieren einen reibungslosen Verlauf Ihres Vortrages.

Sie können beispielsweise die Zuhörer darum bitten, sich die Fragen bis zum Ende zu merken, weil sich einige Fragen im Verlauf des Vortrages sowieso klären werden. Ich selbst finde es allerdings sinnvoll, jede Gelegenheit zu nutzen, um mit dem Publikum in einen Dialog zu treten. Achten Sie aber darauf, dass Sie die Fragen nicht zu ausschweifend beantworten, da Sie sonst Zeitprobleme bekommen könnten. Bei großen Gruppen bietet es sich an, Zettel auszuteilen und die Fragen darauf aufschreiben zu lassen. Lassen Sie diese Zettel am Anfang verteilen und weisen Sie darauf hin, dass jeder seine Fragen darauf notieren kann. Dann können Sie die Fragen in Ruhe gegen Ende Ihres Vortrages beantworten. Als letzte Frage sollten Sie sich eine zurechtlegen, die für Sie noch einmal richtig Pluspunkte einbringt. Beschließen Sie den Vortrag nach den Fragen mit einem abschließenden Beitrag (kleiner Höhepunkt) und lassen Sie das Ende nicht in den Fragen untergehen.

Tipp für Profis:

Treffen Sie Vereinbarungen mit dem Publikum.

Mit Ihrer Präsentation haben Sie eine ursprüngliche Absicht verfolgt. Sie oder Ihr Auftraggeber wollten Informationen vermitteln, an Ihre Zuhörer appellieren, sie zum Nachdenken anregen.

Sie halten beispielsweise Ihren Vortrag oder Ihre Präsentation, um das Publikum zu einer Handlung zu bewegen. Oder: Wenn Sie eine neue Idee präsentiert haben, so möchten Sie in der Regel, dass die Idee Zuspruch findet und weitergetragen wird. Oder: Wenn Sie ein Produkt vorgestellt haben, haben Sie Interesse daran, dass andere es erwerben. Und wenn Sie einfach nur informiert haben, möchten Sie, dass das Publikum diese Informationen zunächst versteht und anschließend konstruktiv nutzt. Die »nächsten Schritte«, konkrete Vereinbarungen mit Ihrem Publikum zu treffen, sind deshalb enorm wichtig. Das bedeutet: »Unsere Abteilungen sollten sich bald darüber wieder austauschen« ist eine halbherzige und zum Scheitern verurteilte Vereinbarung. Dagegen: »Am Donnerstag, 4. Juli ist morgens um 10:00 Uhr das nächste Treffen geplant, in

dem Sie Ihre eigenen Ideen mithilfe der gezeigten Präsentationstechniken präsentieren können« ist dagegen eine verbindliche Vereinbarung.

Tipp für Fortgeschrittene:

Fragen Sie Ihre Zuhörerschaft, ob Verständnisprobleme auftreten.

Schenken Sie Ihren Zuhörern besondere Aufmerksamkeit. An ihren Reaktionen werden Sie gut erkennen können, ob Verständnisprobleme auftreten oder ob alles akzeptiert wurde, was Sie gesagt haben. Wenn Sie wirklich sicherstellen wollen, dass Ihre Zuschauer Sie verstanden haben, sollten Sie explizit nachfragen. Selbst wenn sich auf diese Frage Kritiker zu Wort melden, ist dies ein wichtiger und wertvoller Hinweis darauf, dass Sie einzelne Abschnitte detaillierter oder nachdrücklicher behandeln sollten. Vielleicht sind Verständnislücken oder eine unzureichende Unterlegung mit anwendungsnahen Beispielen der Grund für die Skepsis auf der Seite einiger Zuhörer.

Stellen Sie diese Frage nach jedem größeren Oberthema, sodass die anschließend gestellten Fragen inhaltlich zu dem soeben Besprochenen passen.

Tipp für Profis:

Nutzen Sie individuelle Vorgehensweisen für unterschiedliche Zuhörer.

Wenn Sie einen Vortrag oder eine Präsentation halten, sitzen Sie nicht einer anonymen Masse gegenüber, sondern Personen mit Einzelinteressen, Bedürfnissen und Gefühlen. Daher sollten Sie die Gruppe nicht als homogene Einheit behandeln, sondern auf ihre Individualität Rücksicht nehmen. Einfach ist das sicher nicht immer.

Das Eingehen auf einzelne Zuhörer macht natürlich nur bei kleinen Gruppen Sinn. Wenn Sie vor einer großen Gruppe vortragen, haben Sie es eher mit einer Masse zu tun als mit Individuen. Dann muss die Aufmerksamkeit der Masse von Ihnen gelenkt werden. Bei kleineren Gruppen hingegen kann es wichtig sein, dass Sie einzelne Zuhörer für sich gewinnen. Gerade Zuhörer, die imstande sind, Meinungsführer zu werden und in der abschließenden Fragerunde einen Großteil des Publikums auf ihre Seite zu ziehen, können Ihnen und Ihrer Präsentation einen Strich durch die Rechnung machen.

Im Folgenden habe ich Tipps gesammelt, die sich im Umgang mit schwierigen Personentypen bewährt haben:

Wie Sie mit einem teilnahmslosen Zuhörer umgehen. Der teilnahmslose Zuhörer hätte am liebsten seine Ruhe und ist nur schwer zu aktivieren. Finden Sie zunächst heraus, warum er zu dem Vortrag gekommen ist. Versuchen Sie, ihn mit freundlichem Blickkontakt mit einzubinden, falls er für Entscheidungen wichtig ist.

Wie Sie mit einem hinterlistigen Zuhörer umgehen. Der hinterlistige Zuhörer stimmt Ihnen nur vordergründig zu. Hinter Ihrem Rücken lästert er allerdings über Sie, über Ihre Produkte und Ideen. Fragen Sie ihn öffentlich, wenn Sie einen Widerspruch vermuten. Üben Sie sich außerdem im »Understatement«. Unterrichten Sie die Personen, über die ohne deren Beisein geredet wird, und unterbinden Sie so das Mobbing.

Wie Sie mit dem ruhigen Zuhörer umgehen. In Vorträgen, in denen eine Zuhörerbeteiligung nicht notwendig ist, fällt der ruhige Zuhörer gar nicht auf. Problematisch wird es erst, wenn die aktive Teilnahme gefordert ist. Fragen Sie dazu freundlich nach, ob er mit den Inhalten übereinstimmen kann. Eine andere Taktik besteht darin, ihn in Ruhe zu lassen, damit er von selbst aus der Reserve kommt. Drittens haben Sie die Option, ihn freundlich zu aktivieren, falls dies notwendig werden sollte.

Wie Sie mit dem sich aufspielenden Zuhörer umgehen. Der sich aufspielende Zuhörer kann Ihnen Probleme bereiten, wenn ihm keine Grenzen aufgezeigt werden. Mit einer freundlichen Bestimmtheit sollten Sie ihm mitteilen, dass Sie im Moment der Redner sind und er der Zuhörer ist. Achten Sie darauf, dass Ihr Ton und Ihre Wortwahl von Freundlichkeit getragen werden. Bitten Sie ihn während einer Pause oder vor dem Vortrag, sich ein wenig zurückzunehmen. Binden Sie ihn dann allerdings aktiv in den Vortrag ein, sodass er gar keine Gelegenheit findet, sich sonst aufzuspielen. Ignorieren Sie Zwischenrufe, sofern es nur wenige sind und sie nicht sonderlich stören.

Wie Sie mit dem immer kritisierenden Zuhörer umgehen. Diesen Zuhörer werden Sie kaum zufriedenstellen können. Es gibt einfach Personen, die selbst am schönsten Urlaubsort noch etwas auszusetzen haben. Lassen Sie sich auf keinen Fall auf eine Diskussion ein – Sie werden verlieren. Ignorieren Sie zudem abfällige Bemerkungen, solange es geht, und verwenden Sie Einwandbehandlungstechniken. Teilen Sie ihm mit, dass Sie ihn verstanden haben, auch wenn Sie nicht einverstanden sind. »Verstanden« bedeutet nicht »einverstanden«. Und meistens sind diese Leute ruhig, wenn sie sich verstanden fühlen.

So gehen Sie effektiv mit Störenfrieden um. Für den Umgang mit Störungen habe ich in einem meiner Seminare ein Musterbeispiel erlebt: Eine Seminarteilnehmerin trug einen Vortrag vor und ein Zuhörer blätterte laut in seinen Unterlagen anstatt zuzuhören oder wenigstens leise zu blättern. Die Frau stellte diesem Zuhörer einfach eine Frage. Eine Methode, die wir aus der Schulzeit alle kennen. Zu 95 Prozent dürfte diese Vorgehensweise nicht die besten Erinnerungen wachrufen. Die Rednerin fragte aber so charmant, mit einem von innen kommenden freundlichen Lächeln, dass dem Herrn gar keine Wahl blieb, als freundlich ertappt zu grinsen und die Frage zu beantworten. Er legte seine Unterlagen beiseite und folgte mit ehrlichem Interesse dem Vortrag bis zum Ende. Ein anderer Ton dagegen hätte eine Protestreaktion ausgelöst und wäre nach hinten losgegangen.

So gehen Sie mit einzelnen unaufmerksamen Personen um. Weisen Sie freundlich darauf hin, dass Sie nun wichtige Informationen geben, die für die anschließende Entscheidung von großer Bedeutung sind. Dies wird Ihnen die Aufmerksamkeit aller zurückbringen.

So gehen Sie mit mehreren unaufmerksamen Personen um. Als kurzfristiges Mittel ist eine Veränderung der Modulation wirkungsvoll. Sprechen Sie lauter oder leiser, machen Sie mal mehr und mal weniger Pausen. Variieren Sie die Sprechgeschwindigkeit. Versuchen Sie, aktiv mit Ihrem Publikum in Kontakt

zu kommen. Und vielleicht sollten Sie das grundlegende Tempo verändern. Wenn sich viele unruhig verhalten, ist das ein Zeichen dafür, dass etwas Grundsätzliches nicht in Ordnung ist.

So gehen Sie mit einer Person um, die andere Zuhörer ablenkt. Falls Ignoranz des Ablenkers nicht greift, versuchen Sie, den Störenfried mit einem ruhigen, gezielten, aber freundlich bestimmten Blick nonverbal aufzufordern, mit der Belästigung aufzuhören. Sollte der Zuhörer immer wieder damit anfangen, können Sie ihn darauf hinweisen, dass es Sie und auch die anderen Zuhörer vom Vortrag ablenkt, was Ihnen nicht recht ist. Sie können dem Zuhörer freistellen, weiter den Vortrag zu besuchen oder lieber einer anderen Beschäftigung an einem anderen Ort nachzugehen, falls er dies möchte. Lassen Sie ihm aber die Wahl.

> ### Tipp für Fortgeschrittene:
> ### Gehen Sie gekonnt mit Einwänden um.

Viele Redner und Präsentatoren fürchten sich vor Einwänden oder Rückfragen. Eine gute Vorbereitung kann hier schon einen großen Teil dieser Angst beseitigen. Wichtig ist, dass Sie sich bereits im Vorfeld darauf einstellen, dass Fragen oder Einwände auftreten können. Die folgenden Methoden helfen Ihnen beim Umgang mit Einwänden.

Rückfragetechnik. Die Rückfragetechnik dient dazu, genau herauszufinden, was wirklich hinter dem Einwand steckt. Man fördert konkrete Aussagen und klärt allgemein gehaltene Äußerungen bis ins Detail, um sie zu verstehen.

Kompensationsmethode. Die Kompensationsmethode wird verwendet, wenn die Vorteile gegenüber den genannten Nachteilen ersichtlich überwiegen (dies sollte eigentlich immer der Fall sein).

Bumerangmethode. Die Bumerangmethode schlägt den »Gegner« mit seinen eigenen Waffen. Am besten ist es, wenn man sich wirklich gerade über diesen Einwand freut und mit Begeisterung darauf eingehen kann. Nach dem Motto: »Wirklich gut, dass Sie diesen Einwand bringen, wir haben uns genau darüber den Kopf zerbrochen, und jetzt bin ich froh, dass ich Ihnen einen Lösungsvorschlag unterbreiten kann!«

Wandelmethode. Dies ist eine der elegantesten Methoden. Mit dieser Technik wandeln Sie destruktive Einwände in konstruktive Fragen um. Bei häufiger Verwendung sollten Sie die Formulierungen variieren. Bedenken Sie auch: Hinter jeder destruktiven Bemerkung steckt eine Frage. Beispiel: »Das ist zu teuer!« Wandel: »Wenn ich Sie richtig verstanden habe, fragen Sie sich, ob sich die Investition lohnt. Habe ich Sie da richtig verstanden?«

Referenzmethode. Ihr Zuhörer hat vor irgendetwas Angst. Vielleicht will er keinen Fehler machen, oder ein Risiko erscheint ihm zu groß. Mit dieser Methode fühlt er sich nicht mehr so alleine. Man versteht seine Bedenken und teilt ihm mit, dass es nicht nur ihm so ergeht. Jetzt folgt die Erfolgsmeldung derjenigen, die sich dann dafür entschieden haben. Dies gibt Ihrem Zuhörer die Idee: »Wenn das bei den anderen geklappt hat, klappt es bei mir höchstwahrscheinlich auch.«

Zeitmanagement

Das professionelle Zeitmanagement ist eine wichtige Basis, die oft nicht beachtet wird. Redner, die ihre Redezeit nicht im Griff haben, sind ein Gräuel für jeden Veranstalter und auch für das Publikum. Wenn ich einen Kongress veranstalte oder moderiere, achte ich bereits bei der Auswahl der Redner auf diese Kernkompetenz.

Ein ganz einfacher, aber oft missachteter Tipp für Ihr Zeitmanagement ist, dass Sie sich ermöglichen, die Zeit stetig wahrzunehmen.

Tipp für Einsteiger:

Positionieren Sie eine große Uhr unauffällig in Ihrem Sichtfeld.

Peinlich, wenn man immer wieder sichtbar auf die Uhr schaut, nach der Zeit fragt oder diese sogar unwissend oder in der Aufregung missachtet und vom Veranstalter ermahnt oder gar gestoppt werden muss. Während des Vortrages sollten Sie daher jederzeit eine Uhr im Blickfeld haben und auch unauffällig daraufschauen können.

Da es den meisten im Publikum auffällt und meistens sogar missfällt, wenn der Vortragende auf seine Armbanduhr blickt, sollten Sie folgende Strategie wählen: Legen Sie Ihre Armbanduhr auf den Tisch, auf dem Ihre Unterlagen liegen oder Ihr Notebook steht, oder bringen Sie sich einfach einen kleinen Wecker mit großer Anzeige mit. So können Sie jederzeit, wenn Sie in der Nähe des Tisches sind, diskret auf Ihre Uhr schauen.

Eine andere Option bietet sich, wenn Sie den Tagungsraum langfristig frei einrichten können: Sie können dann eine große Uhr, die Sie problemlos aus der Ferne erkennen können, über den Köpfen Ihrer Zuschauer, gegenüber Ihrer Vortragsposition beziehungsweise der Leinwand aufhängen lassen. Sie könnten natürlich auch eine Ihnen bekannte Person bitten, durch unauffällige Handzeichen auf das nahende Ende hinzuweisen. Das ist aber nur dann sinnvoll, wenn Sie ein eingespieltes Team sind.

Tipp für Einsteiger:

Planen Sie Pufferzeiten ein und vermeiden Sie Überziehungen.

Wenn Sie 30 Minuten Zeit für Ihren Vortrag haben, so planen Sie diesen für nur 25 Minuten. Bei einer Vortragszeit von einer Stunde sollten Sie zehn Minuten Pufferzeit einplanen.

> Vor einiger Zeit besuchte ich einen Vortrag über die wirtschaftliche Situation in Deutschland. Der Vortragende überzog bei einer Stunde Vortragszeit um ganze 15 Minuten. Der Vortrag war hochinteressant und der Redner sehr fachkundig. Dennoch: Zuhörer können Anschlusstermine haben. So ereignete es sich, dass nach fünf Minuten Überziehungszeit Unruhe auftrat und nach zehn Minuten die ersten Personen den Saal verließen.

Sie müssen immer damit rechnen, dass Zwischenfragen gestellt werden oder dass es zu Verzögerungen kommt. Planen Sie diese von vornherein mit ein.

Beachten Sie, dass manche Veranstaltungen mit einer gewissen Verzögerung beginnen und Sie in der Lage sein sollten, sogar diese Zeit wieder aufzuholen. Wenn Sie beispielsweise der Redner vor der Mittagspause oder der letzte Redner vor dem Ende eines Kongresses sind, dann ist es Personen mit einem Anschlusstermin oder gebuchten Flug wichtig, dass Ihr Vortrag pünktlich endet, selbst dann, wenn er nicht pünktlich begonnen hat.

Tipp für Fortgeschrittene:

Gestalten Sie Ihren Vortrag so, dass Sie Zeit wiedergutmachen können.

Als routinierter Redner sollten Sie in der Lage sein, ein paar Minuten wieder reinzuholen – bitte ohne nervige Hinweise, dass Sie die Folie gerne noch gezeigt hätten, aber der Vortrag leider zu spät begonnen hat. Das sagen Anfänger.

Normalerweise kennen die Zuhörer den Zeitplan zu Beginn Ihrer Darbietung. Schließlich hat das Einladungsschreiben oder die Broschüre die wesentlichsten Meilensteine abgesteckt, die Sie in Ihrem Vortrag planen.

Falls das nicht der Fall ist, informieren Sie die Zuhörer vorab über den zeitlichen Rahmen und halten Sie diesen unbedingt ein.

Dramaturgie

Bulletpoint nach Bulletpoint auf langweiligen Textfolien werden zwar oft gezeigt, langweilen aber genauso oft das Publikum.

Im Gedächtnis bleiben die Situationen hängen, die außergewöhnlich und emotional waren. An solche Momente können Sie sich noch nach Jahren erinnern. Und genau diesen Effekt sollten Sie in Ihrem Vortrag oder in Ihrer Präsentation nutzen.

Tipp für Profis:

Garnieren Sie Ihre Darbietung durch außergewöhnliche und emotionale Momente!

Ein Gedicht, eine emotionale Geschichte, besondere Einspielungen, Variationen in der Darbietung, ein kleiner Zaubertrick können beispielsweise dazu beitragen, dass Abwechslung geboten wird. Achten Sie darauf, niemals Ihr Publikum zu langweilen. Niemals.

Es besteht der weitläufige Irrglaube, dass nur langsame Redner gut verstanden werden. Es gibt Studien, die belegen, dass eine schnelle Sprechgeschwindigkeit zu erhöhter Aufmerksamkeit beiträgt. Das Gleiche gilt für die Gestaltung von Folien. Wichtig ist, dass Sie die Geschwindigkeit unterschiedlich gestalten.

Tipp für Fortgeschrittene:
Variieren Sie die Geschwindigkeit nach der Komplexität.

Wenn Sie merken, dass 90 Prozent Ihrer Zuhörer Ihnen folgen konnten und verstanden haben, was Sie sagen wollen, dann machen Sie weiter. Wenn Sie komplexe Inhalte wie beispielsweise einen neuen Workflow oder eine aufwendige Tabelle präsentieren, dann lassen Sie Ihrem Publikum genügend Zeit zum Verstehen und Verdauen der neuen Information. Schauen Sie in die Augen der Zuschauer und Sie werden erkennen, ob diese interessiert die Infos aufsaugen oder aus Langeweile wegdämmern oder aus Überforderung erstaunt schauen. Beachten Sie die Vorerfahrung und das Vorwissen der Zuhörer.

Tipp für Fortgeschrittene:

Steigern Sie die Spannung durch gezielte Kunstpausen.

Längere Kunstpausen können Sie einsetzen, wenn Sie etwas besonders hervorheben wollen. Egal, ob Sie die Ergebnisse der Jahresbilanz oder den ersten Preis eines Wettkampfes verkünden, eine kurze Kunstpause wird die Spannung steigern. Dies könnte in der Praxis dann so aussehen: »… und der erste Preis geht an (Kunstpause von etwa zwei bis drei Sekunden) Susanne Schäfer!« Damit erzeugen Sie eine leichte Spannung und der Applaus für dieselbe Leistung wird stärker ausfallen. Im Fernsehen können Sie diese Kunstpausen bei erfolgreichen Moderatoren gut beobachten.

Eine erfolgreiche Dramaturgie ist oftmals:
Schneller Vortrag,
Kunstpause,
betonter Schlusssatz und
schließlich Applaus.

Foliensteuerung

Bei der Verwendung von Folien ist die zeitliche und inhaltliche Abstimmung zwischen Vortrag und der gezeigten visuellen Darstellung ein sehr wichtiger Bestandteil. Oftmals entstehen genau an diesem Punkt Brüche in der Aufmerksamkeit. Unaufmerksam werden Texte oder komplexe Bilder eingeblendet, während gleichzeitig geredet wird. Die Zuhörer sind dann kurzzeitig verwirrt (soll ich jetzt lesen oder zuhören?) und auf diese Weise entstehen Aufmerksamkeitslücken, die es für die Zuhörer schwer machen, Ihren Ausführungen zu folgen. Erwarten Sie aber nicht, dass Ihre Zuschauer Ihnen dies direkt mitteilen. Wenn Sie sehr aufmerksam sind, können Sie das Phänomen der sinkenden Aufmerksamkeit an der Körpersprache Ihres Publikums wahrnehmen. Achten Sie darauf, ob alle noch an Ihren Lippen hängen.

Einer der größten Fehler ist aber, wenn Sie als Vortragender mit dem Rücken zum Publikum die Folien vorlesen. Genau darum sollen auf der Folie nur ergänzende Stichpunkte stehen und nicht lange Texte.

Manchmal müssen aber komplexe Inhalte präsentiert werden. Und bisweilen sind es vielschichtige oder komplizierte Zeichnungen und Grafiken, die gezeigt werden müssen. Hilfreich ist dann der gezielte Einsatz von Animationen, mit denen Sie das Erscheinen der Folieninhalte und die Geschwindigkeit gezielt steuern.

Tipp für Fortgeschrittene:

Dosieren Sie die Erscheinungsdichte und Klick-Geschwindigkeit nach der Komplexität der Inhalte.

Es gibt in fast jeder Darbietung Stellen, an denen jegliche Ablenkung durch Folien stören würde. In diesen Situationen ist es ratsam, eine schwarze Zwischenfolie einzublenden oder die Präsentation kurz auszublenden.

Tipp für Profis:

Nutzen Sie den Presenter oder Shortcuts, um Folien auszublenden.

Presenter (Funk-Präsentationsmäuse) haben meistens eine Taste, mit der Sie die Folie auf »schwarz« umstellen können. Ein kurzer Klick reicht also, um die volle Aufmerksamkeit vom Publikum zu erhalten. Dann können Sie in Ruhe Fragen beantworten oder Ihre besondere Textstelle zelebrieren.

Wenn Sie mit PowerPoint präsentieren, reicht ein Klick auf den Buchstaben »B« für eine schwarze Folie und »W« für eine weiße Folie. Ein weiterer Klick auf eine beliebige Taste reicht aus, um wieder im Präsentationsmodus zu sein.

Stil und Ausdruck

Eine Präsentationsregel lautet: »Sie müssen denken wie ein Philosoph und reden wie ein Bauer!«. Die Idee dahinter ist, dass Sie in der Lage sein sollten, auch komplexe Informationen einfach und verständlich auszudrücken. Gerade dann, wenn Ihr Publikum nicht aus Fachleuten besteht, sind Sie als Redner gefordert.

Tipp für Einsteiger:

Verwenden Sie eine verständliche Sprache.

Die Umgangssprache hat den Vorteil, dass sich das Publikum damit leichter identifizieren kann. Sie ist direkter, auffordernder und anregender für das Publikum. Somit erzielen Sie eine größere Wirkung.

Sollte die Notwendigkeit bestehen, dass Sie Fachbegriffe verwenden, die dem Publikum nicht ganz geläufig sind, ist es notwendig, dass Sie diese zunächst definieren und vorher genau erklären.

Tipp für Einsteiger:

Erklären Sie neue, schwere und uneindeutige Begriffe.

Damit sind nicht nur Fremdwörter und Fachbegriffe gemeint, sondern auch ganz normale deutsche Wörter und Sätze. So wird ein finanzaffiner Mensch unter der Aussage »Der Kunde ist schwierig« etwas anderes ganz verstehen als ein Techniker. Die konkrete Aussage »Der Kunde hat bisher alle Rechnungen erst mit einer Verzögerung von drei Monaten beglichen!« ist hingegen eindeutig.

Wenn Sie sich gute und erfolgreiche Reden durchlesen, werden Sie feststellen, dass diese an den wichtigen Stellen kurze und markante Sätze enthalten, die sich leicht einprägen. Besonders deutlich wird dies bei einprägsamen Schlusssätzen bekannter Reden.

Tipp für Einsteiger:

Verwenden Sie in kurze Sätze.

Lange und verschachtelte Sätze sind nicht so leicht zu verstehen. Die Sätze in Reden, die Geschichte geschrieben haben, waren alle kurz und prägnant – fast wie Werbeslogans. J. F. Kennedy: »Ich bin ein Berliner!«, Barack Obama: »Yes we can!«

Möchten Sie Ihre Zuhörer aktivieren? Falls ja, dann sprechen Sie unbedingt in aktiven Sätzen.

Tipp für Fortgeschrittene:

Formulieren Sie aktiv.

Bei öffentlichen Reden erlebe ich es in vielen Fällen, dass Redner in passiven Formulierungen nicht den Bezug zum Publikum suchen. Dabei ist es gar nicht so schwer, aktive Formulierungen zu verwenden. An dieser Stelle können Sie in Ihren Reden oder Präsentationen eine kleine Veränderung mit großer Wirkung durchführen. Durch die aktive Formulierung wirkt Ihr Vortrag viel lebendiger und ansprechender. Probieren Sie es aus.

Passive Formulierung	Aktive Formulierung
Das Programm kann von der Firma X nicht durchgeführt werden.	Die Firma X kann das Programm nicht durchführen.
Der Zeitplan kann von mir in dieser Form nicht eingehalten werden.	Ich kann den Zeitplan in dieser Form nicht einhalten.
Die Produkte werden termingerecht abgeliefert.	Ich werde die Produkte termingerecht abliefern.
Die Aufgabe kann von dem Mitarbeiter Schmidt so nicht ausgeführt werden, da er die nötige Erfahrung nicht hat.	Herr Schmidt hat die nötige Erfahrung für diese Aufgabe nicht.
Der Termin für die Verabredung kann heute leider von mir nicht eingehalten werden.	Ich komme heute zu unserer Verabredung etwas später.

Tipp für Einsteiger:

Benutzen Sie Verben anstelle von Subjektiven.

Ein Texter einer Werbeagentur erklärte mir den Unterschied zwischen »kalten« und »warmen« Texten. Er verwendet einen roten und einen blauen Stift, um Texte zu analysieren. Auf einem Ausdruck unterstreicht er alle Verben mit dem roten Stift und alle Hauptwörter mit dem blauen Stift. Danach kann er leicht feststellen, ob der Text »warm« (rot) oder »kalt« (blau) ist. Er untersucht die Texte mit dieser Vorgehensweise, da in Untersuchungen festgestellt wurde, dass Texte mit Verben den Leser mehr ansprechen als Texte mit Hauptwörtern. Gleiches gilt für Vorträge und Reden.

Viele Hauptwörter	Viele Verben
Eine starke Umsatzsteigerung führte zur Prämienauszahlung bei den Mitarbeitern und dadurch zur Begeisterung dieser.	Die Mitarbeiter haben ihren Umsatz im letzten Jahr stark gesteigert. Dadurch erhielt jeder eine Prämie, was die Mitarbeiter sehr begeisterte.
Tanz und Gesang – die ganze Nacht.	Sie sangen und tanzten die ganze Nacht.
Nach Beendigung der Schule mit dem Abitur folgte ein Maschinenbaustudium an der Technischen Universität.	Nachdem ich die Schule mit dem Abitur beendet hatte, studierte ich Maschinenbau an der Technischen Universität.
Die Arbeit bereitet mir täglich Freude.	Ich freue mich jeden Tag auf die Arbeit.

Sie können die Aufmerksamkeit der Zuhörer auch dadurch erhöhen, dass Sie diese direkt ansprechen.

Tipp für Einsteiger:

Sprechen Sie Ihr Publikum an: »Sie« statt »Ich«.

Wenn Sie sich angewöhnen, im »Sie« zu denken, werden Ihre Vorträge automatisch zuhörerorientiert. Die Gefahr, an der Zielgruppe vorbeizureden, verringert sich stark. Es ist unglaublich, welch starke Wirkung die »Sie-Ansprache« hat, um den Kontakt zum Publikum zu verstärken.

Selbstdarstellende Form	Anbietende Form
Ich gebe später noch eine Abschrift des Konzepts aus.	Sie erhalten später eine Abschrift des Konzepts
Ich zeige hiermit das Ablaufdiagramm.	Sie sehen hier das Ablaufdiagramm.
Ich gebe nachher noch die exakten Daten zu diesem Produkt heraus.	Nachher bekommen Sie die exakten Daten zu diesem Produkt.

Es sind vor allem Verallgemeinerungen wie »immer« oder »nie«, die einen Redner unglaubwürdig machen. Meistens werden einzelne Situationen zu einem Regelwerk aufgeblasen.

Tipp für Einsteiger:
Vermeiden Sie Verallgemeinerungen.

Auch wenn in der Produktion ein Fehler dreimal aufgetreten ist, ist dies noch lange kein Grund zu behaupten, es sei immer so.

Das Publikum wird es schätzen, wenn Sie feine Differenzierungen zwischen Sachverhalten vornehmen, ohne kleinkariert zu werden. Gleichzeitig umgehen Sie damit Anschuldigungen, Diffamierungen und Pauschalaussagen, die letzten Endes nicht der Wahrheit entsprechen.

Tipp für Einsteiger:
Vermeiden Sie Weichmacher.

Weichmacher sind Wörter, die die getroffene Aussage abschwächen. Der Konjunktiv ist so ein typischer Weichmacher. Wenn Sie unbewusst Weichmacher verwenden, so kann es Ihnen passieren, dass die Zuhörer Ihnen keinen Glauben schenken. Weichmacher untergraben sogar die Kompetenz des Redners. Sie können Wörter wie »eigentlich« oder »ziemlich« natürlich auch in Zukunft verwenden. Gefährlich wird es nur, wenn Sie diese nicht bewusst einsetzen.

Solche Wörter schleichen sich schnell in den Sprachgebrauch ein und schwächen dann ungewollt die eigenen Argumente ab. Achten Sie bei Ihren nächsten Gesprächen darauf, ob andere Personen Weichmacher verwenden. Damit sensibilisieren Sie sich in diesem Punkt und können danach Ihre eigenen Weichmacher ins Visier nehmen.

Das Gedächtnis speichert die Informationen hauptsächlich in Form von Bildern ab. Sie können dies nutzen, indem Sie Ihren Vortrag mit bildhaften Äußerungen schmücken.

Tipp für Fortgeschrittene:

Sprechen Sie in Bildern.

Bildhafte Vergleiche helfen den Zuschauern, sich einen besseren Eindruck zu verschaffen und sich die Informationen leichter einzuprägen. Dieses Mittel verwendet auch die Metapher.

Manchmal kann es vorkommen, dass Sie Kritik und negative Botschaften verkünden müssen. Gerade hier kommt es darauf an, wie Sie diese Botschaft verkünden. Die wenigsten Menschen können mit Kritik gut umgehen. Mit Feedback schon leichter. Der Unterschied liegt darin, dass Sie sich bei negativer Kritik über den anderen stellen und ihm sagen, wie es richtig wäre. Beim Feedback geben Sie Ihre Meinung als persönlichen Standpunkt wieder. Dies können Sie ruhig vehement und deutlich machen – und kritisieren dann trotzdem nicht.

Tipp für Einsteiger:

Geben Sie Kritikpunkte als Feedback wieder.

Feedback besteht aus Ich-Botschaften. Sie sagen, wie etwas auf Sie wirkt. Nachrichten mit einem hohen Selbstoffenbarungsanteil werden Ich-Botschaften genannt. Durch eine Ich-Botschaft gibt man etwas von dem eigenen Innenleben preis. Gerade dann, wenn Sie negative Informationen zu verkünden haben oder persönlich angegriffen worden sind, ist die Ich-Botschaft oftmals die entspanntere Wahl.

Es geht dabei nicht darum, dass Sie Tatsachen verschönern sollen oder Missstände nicht aufgreifen dürfen. Es geht nur um die Art, wie Sie Ihre Botschaft übermitteln.

Eine hilfreiche Strukturierung von Feedback ist die 3-W-Technik:

Wahrnehmung
Wirkung
Wunsch

Kritik	Feedback nach der 3-W-Regel
Ihre Art vorzutragen ist total arrogant. Sie interessieren sich gar nicht für uns, sondern sind selbstverliebt mit sich und Ihren Inhalten beschäftigt.	Mir ist aufgefallen, dass Sie, während Sie vortragen, sehr oft aus dem Fenster geschaut haben. Das wirkt auf mich arrogant. Ich würde mich freuen, wenn Sie mich mehr ansehen würden.
Die Bundesregierung ist unfähig, die Finanzen in den Griff zu bekommen. Statt langfristig tragbarer Lösungen und Konzepte wird nur an den Symptomen rumgedoktert. Die wahren Ursachen werden entweder nicht gefunden oder sollen vertuscht werden.	Die Verschuldung des Staates steigt seit Jahren stetig. Das macht auf mich den Eindruck, als ob grundlegende Systemfehler die Ursache sind. Ich würde mir wünschen, dass diese konsequent herausgefunden und angegangen würden.
Du lügst mich die ganze Zeit an. Nie hältst du deine Versprechen. Aus deinem Munde kommt nur Unwahres.	In vergangener Zeit hast du zwei Versprechen nicht gehalten. Mich macht das traurig, weil ich denke, dass ich dir nicht wichtig genug bin. Ich würde mir wünschen, dass du zu deinem Wort stündest.

Sprechtechnik

Für das Vortragen gibt es handwerkliche Techniken, die Sie mit mehr oder weniger Übung erlernen können. Wenn Sie oder jemand anderes beispielsweise immer wieder viele »Ähm« in Ihrem Vortrag feststellen, so können Sie diese Angewohnheit durch gezielte Übungen angehen.

Füllgeräusche wie »Ah«, »Ähm« oder Ähnliches haben in täglichen Konversationen teilweise eine sinnvolle Funktion: Sie zeigen dem Dialogpartner, dass Sie nachdenken, dass Sie Informationen verarbeiten. In Präsentationen und Vorträgen wirken sie allerdings störend.

Die hauptsächlichen Ursachen für Verlegenheitslaute sind

- zu lange Sätze,
- Angst vor Pausen,
- die Stimme geht vor der Pause nach oben (wie bei einer Frage).

Damit wird klar, was die besten Mittel gegen die Füllgeräusche sind. Diese Art des Sprechens habe ich das erste Mal bei dem Rhetoriktrainer Dr. Peter Heigl kennengelernt. Er empfiehlt Bogensätze, im Gegensatz zu den Girlandensätzen, die niemals aufhören wollen.

Tipp für Einsteiger:

Vermeiden Sie Füllgeräusche wie »Ähm« oder »Äh« durch die Bogensatztechnik.

Wie sich Bogensätze anhören, können Sie jeden Abend bei Nachrichtensprechern feststellen. Da kommt kein »Ähm«, weil die Sätze immer mit der Stimme unten enden. Im Training fällt diese Sprechweise den Teilnehmern unterschiedlich schwer. Bitte beachten Sie, dass nicht jeder Satz ein Bogensatz sein muss. Dies würde unnatürlich wirken. Es geht bei der Bogensatztechnik vielmehr darum, dass Sie auf den Punkt kommen können, wenn dies notwendig ist.

Der Bogensatz besteht aus den Phasen: Einatmen, Sprechen und Ausatmen sowie der Pause. Im Training ist festzustellen, dass sich die Sprechweise verändert. Das Training der Bogensätze ist meiner Meinung nach das wirksamste Mittel gegen Laute wie »Ähm« oder »Äh«.

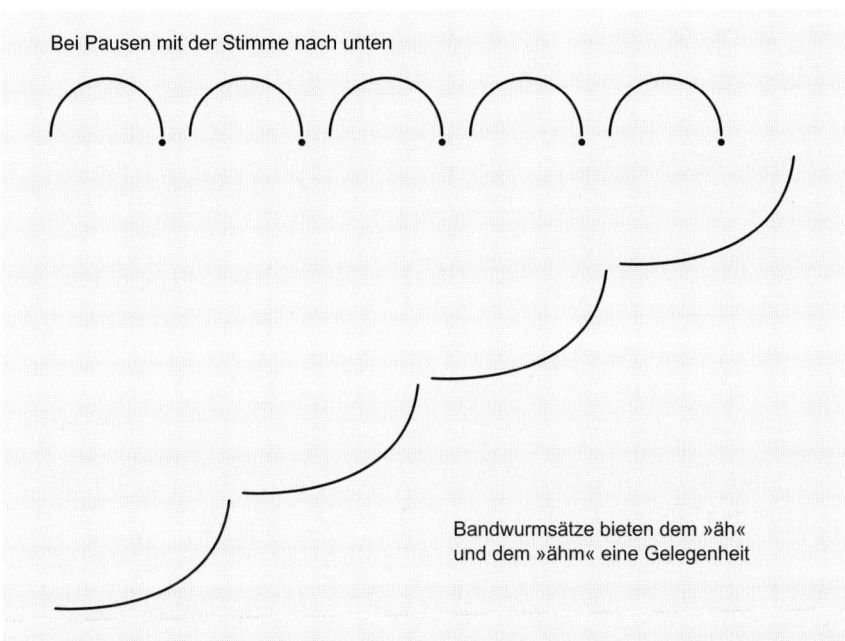

Bei Pausen mit der Stimme nach unten

Bandwurmsätze bieten dem »äh«
und dem »ähm« eine Gelegenheit

Menschen, die häufig »Ähm« sagen, haben meistens Angst vor Pausen. Statt die Momente der Ruhe gezielt einzusetzen, wird endlos geplappert. Manchmal entsteht der Eindruck, dass sich der Mund vom Hirn abkoppelt und eine Art »Sprechdurchfall« einsetzt. Bei Politikern, die zu viel mit unhöflichen oder

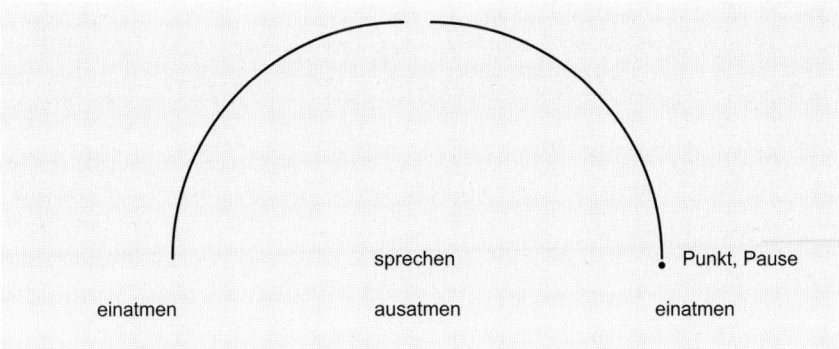

sprechen Punkt, Pause

einatmen ausatmen einatmen

hektischen Journalisten oder unsäglichen Gesprächsrunden mit politischen Gegnern zu tun hatten, ist dies vielfach festzustellen. Jede Pause kann vom »Gegner« genutzt werden, ins Wort zu fallen. Toningenieure und Kamerateams schneiden an den Pausen. Also heißt die Devise leider manchmal: Rede ohne Punkt und Komma! Dies funktioniert aber nur sehr kurz, erzeugt zeitweise Atemnot und geht vor allem auf Kosten der Aufmerksamkeit. Große Redner zeichnen sich auch durch eine gute Pausentechnik aus.

Tipp für Einsteiger:

Gönnen Sie sich und Ihren Zuhörern gezielte Pausen.

Der beste Moment für eine Pause ist nach einem Punkt, bei dem Sie schriftlich einen Absatz machen würden. Dies können Sie sich antrainieren, indem Sie beim Training die Satzzeichen einmal mit vortragen. Viele denken, dass sie endlose Pausen gemacht haben. Es tritt jedoch fast nie der Fall ein, dass jemand zu lange Pausen macht. Meistens ist eher das Gegenteil der Fall. Die Pause erscheint dem Vortragenden selbst meist viel länger als den Zuhörern.

Jeder Redner erlebt Situationen, in denen er nicht mehr weiter weiß. Der Faden ist gerissen. Durch eine gute Vorbereitung und viel Training wird das so gut wie nie vorkommen. Wenn Ihnen ein solcher »Blackout« dennoch passiert, ist die Frage, wie Sie damit umgehen. Das Ungeschickteste ist der Hinweis: »Oh, jetzt habe ich den Faden verloren!« Meistens war es jedoch noch keinem Zuhörer aufgefallen, dass der Redner nicht mehr weiter weiß. In dem Fall ist es viel eleganter und für Sie selbst auch leichter, wenn Sie einen Bogensatz machen, dann »Punkt, Pause« und danach eine kleine Schleife einleiten.

Tipp für Fortgeschrittene:

Vermeiden Sie Blackouts durch eine rhetorische Schleife.

Die passende Formulierung könnte beispielsweise sein: »Lassen Sie mich noch einmal zusammenfassen …«, »Ich möchte es noch einmal anders ausdrücken …«, »Das Wichtigste war also …«.

Bei dieser Methode drehen Sie einfach eine kleine Runde zu den vorher gesagten Inhalten und vertiefen diese nochmals. Den meisten Zuhörern fällt dies nicht als Hängenbleiben, sondern eher als angenehme Vertiefung auf.

In dem Kapitel zur Strukturierung haben Sie den 3-Satz (5-Satz mit Einleitung und Schluss) kennengelernt. Diese Struktur können Sie mit rhetorischen Fragen garnieren, und schon haben Sie die Grundlage für Ihren Vortrag oder Ihre Präsentation.

Tipp für Fortgeschrittene:

Nutzen Sie rhetorische Fragen für Ihre Struktur.

Die rhetorischen Fragen können Sie ganz leicht im Vortrag laut nennen und selbst beantworten. Das verschafft Ihnen Struktur und Zeit – und für die Zuhörer ist es eine nachvollziehbare und klare Vorgehensweise.

Die rhetorische Frage bildet dabei den Einstieg in den jeweiligen Bereich. Danach kommt Ihr Redebeitrag bis zur nächsten rhetorischen Frage.

Ist – Ziel – Weg
- Wie ist unsere aktuelle Situation?
- Wo wollen wir hin?
- Durch welche Maßnahmen erreichen wir unser Ziel?

Beispiel:
Wie funktioniert unser aktuelles Finanzwesen?
Wie sollte ein optimales Finanzwesen funktionieren?
Durch welche Maßnahmen können wir dies erreichen?

Vergangenheit – Gegenwart – Zukunft
- Wie fing das Ganze damals an?
- Wo stehen wir heute?
- Welche Vision haben wir für die Zukunft?

Beispiel:
Was war vor 100 Jahren, als unsere Firma gegründet wurde?
Was macht unsere Firma heute aus?
Wo soll unsere Firma in 100 Jahren stehen?

Inhalte

Tipp für Fortgeschrittene:

Nehmen Sie Einwände vorweg.

Bieten Sie Ihren Zuhörern keine Angriffspunkte. Nehmen Sie mögliche Angriffsflächen gleich vorweg, indem Sie rhetorische Fragen stellen oder Einwände aussprechen, diese aber gleich aus dem Weg räumen.

Das können Sie mithilfe rhetorischer Figuren tun:

> Fragen Sie beispielsweise nach einer Aussage, die möglicherweise kritisiert werden könnte: »Sie fragen sich jetzt, ob das der Realität entspricht? Ich sage Ihnen, nach 20 Jahren Erfahrung in diesem Bereich …« oder »Mancher wird einwenden, das sei unplausibel. Das dachten die Forscher der Universität Leipzig ebenfalls, bis ihre Studie sie vom Gegenteil überzeugte.«

Wenn Sie bereits vorher wissen, dass manche Zuhörer nicht Ihrer Meinung sind, dann ist es empfehlenswert, wenn Sie auch etwas aus deren Sicht vortragen. Das ist besonders gut möglich, wenn Sie die Teilnehmer kennen. So können Sie genau auf die Funktionsbezeichnung Ihrer Teilnehmer eingehen und die Situation aus deren Sichtweise darstellen:

> »Hier sind beispielsweise Mitarbeiter der Bundesnetzagentur anwesend. Für sie stellt sich sofort die Frage, ob das mit den derzeitigen Regulierungsnormen vereinbar ist.«

Sie können Einwände auf diese Weise vorwegnehmen und gleichzeitig entkräften. Auf jeden Fall sollten Sie sich im Vorfeld überlegen, wie Sie auf Fragen oder Bemerkungen reagieren könnten. Sie sollten allerdings vermeiden, Fragen aufzuwerfen, die sich andere nicht gestellt hätten. Sonst werden Sie Komplikationen hervorrufen – und die haben Sie dann selbst verursacht.

Tipp für Fortgeschrittene:

Geben Sie alltagsnahe, praxistaugliche und konkrete Beispiele.

Viele Inhalte sind genau deswegen schwierig zu fassen, weil sie wenig Bezug zum Alltag und zu der Praxis haben, in denen sich die Zuschauer Tag für Tag wiederfinden. Wenn Sie konkrete, alltagsnahe und praxisbezogene Beispiele geben, vereinfachen Sie Ihrer Zuhörerschaft die Aufnahme des Gesagten. Die Beispiele sollten dann allerdings an den Alltag der Anwesenden angepasst sein. Haben Sie also bei der Konstruktion Ihrer Beispiele immer Ihre Zielgruppe vor Augen und fragen Sie sich: »Was ist in den Augen meiner Zielgruppe am besten vorstellbar?«

Selbst schwer zu fassende, theoretische Formeln oder Konstrukte können Sie mit Beispielen zum Leben erwecken. Fallstudien oder »Case Studies« erfreuen sich seit einiger Zeit zunehmender Beliebtheit. Eine Fallstudie erlaubt es Ihnen, Ihre theoretischen Inhalte an jeweils einem einzigen Fall zu konkretisieren.

Angenommen, Sie halten eine Präsentation über mobile Marketingkonzepte. Sie können dann jede logische Sinneinheit mit einer Fallstudie verdeutlichen. Zeigen Sie beispielsweise den Einsatz von mobilen Multimediaportalen bei einem großen deutschen Mobilfunkanbieter. Im nächsten Abschnitt, der von mobilem TV-Empfang handelt, könnten Sie einen Anbieter von Mobilfunktelefonen in einer Fallstudie vorstellen.

Die Verknüpfung von abstrakt-theoretischem mit konkret-anwendungsbezogenem Material erleichtert die Aufnahme des Vorgetragenen. Außerdem zeugt es davon, dass Sie sich nicht nur in der Theorie auskennen, sondern auch von der Praxis etwas verstehen.

Tipp für Fortgeschrittene:

Beachten Sie die vier Seiten jeder Nachricht und die allgemeinen Regeln der Gesprächsführung.

Friedemann Schulz von Thun, ein bekannter Kommunikationsforscher, hat festgestellt, dass jede Nachricht vier Seiten aufweist. Dieses Kommunikationsquadrat ist inzwischen weit verbreitet. Bekannt geworden ist dieses Modell auch als »Vier-Ohren-Modell«. Die vier Ebenen der Kommunikation haben nicht nur Bedeutung für das private Miteinander, sondern auch und vor allem für den beruflichen Bereich. Es geht um Folgendes:

- *Sachinhalt:* Worüber informiere ich?
- *Beziehungsebene:* Was halte ich von dir? Wie stehen wir zueinander?
- *Selbstoffenbarung:* Was gebe ich von mir selbst kund?
- *Appell:* Wozu möchte ich dich veranlassen?

Berücksichtigen Sie immer, dass eine mit einer bestimmten Intention gesendete Nachricht beim Empfänger anders ankommen kann als gewünscht. Bedenken Sie alle Aspekte einer Nachricht.

Natürlich können Sie nicht über jeden gesprochenen Satz nachdenken, wenn Sie improvisieren.

Tipp für Fortgeschrittene:

Würzen Sie Ihren Vortrag mit Anekdoten, Zitaten und Pointen.

Sie können Ihre Rede mit Zitaten würzen. Übertreiben Sie aber nicht, sonst verlieren die Zitate ihre Wirkung. Bitte achten Sie darauf, dass Sie die Zitate wortgetreu nennen. Sie können ein Zitat durchaus ganz bewusst vom Blatt ablesen.

Zitate, Pointen und Anekdoten kommen einem nicht einfach zugeflogen. Die meisten professionellen Redner legen sich ein Repertoire an solchen Sätzen zu, das sie kontinuierlich erweitern. Persönliche Erlebnisse, die andere zum Schmunzeln bringen, Witze oder Anekdoten sind nicht nur auf Cocktailparties ein begehrtes Gut, sondern unterstützen auch im Vortrag Ihre Eloquenz.

Persönliche Erfahrungen lockern den Vortrag auf und machen ihn spannend. Wer seine Zuhörer ausschließlich mit formellen oder abstrakten Gedanken belädt, der wird als Theoretiker aufgefasst. Wer fachlich überzeugend präsentiert und gleichzeitig aus dem Leben erzählen kann, macht bei dem Großteil der Zuhörer Eindruck.

Pointen und Anekdoten sollten Sie selbst erlebt oder zumindest erdacht haben. Erlebnisse »aus zweiter Hand« wirken nicht authentisch und zu »aufgesetzt«. Wiederholen Sie daher nicht, was Sie gelesen haben oder was Sie im Fernsehen gesehen haben. Bedenken Sie auch, dass Sie zumindest unterbewusst anhand Ihrer impliziten Medienauswahl von Ihren Zuhörern bewertet werden. Verspielen Sie also nicht diese wertvolle Gelegenheit und erwähnen Sie nur Selbsterfahrenes.

Zitate und Aphorismen hingegen sollten Sie im Voraus recherchieren. Aussagen berühmter Personen werden Sie in Aphorismenlexika in Ihrer heimischen oder städtischen Bibliothek finden. Alternativ können Sie auf einschlägigen Internetseiten Aphorismen suchen. Oft sind diese bereits nach Themenfeldern klassifiziert. Geben Sie aber unbedingt den Autor und sogar noch das Jahr des Ausspruchs an. Schließlich sind Sie sicher nicht daran interessiert, dass man Sie der Urheberrechtsverletzung bezichtigt.

Körpersprache

Tipp für Einsteiger:

Suchen Sie aktiv Blickkontakt, um auf Reaktionen Ihres Publikums reagieren zu können.

Blickkontakt ist eine der wirksamsten Möglichkeiten über den sprachlichen Dialog hinaus, während Ihres Vortrages in direkten Kontakt mit Ihrem Publikum zu treten. Diese subtile Art und Weise, mit Ihrem Gegenüber zu kommunizieren, stellt den direkten Draht zwischen Ihnen und dem Publikum her. Die Augen sind das Tor zur Seele. Sie sehen die Reaktionen Ihrer Zuhörer sofort über den optischen Kanal. Sie nehmen wahr, wie sich die Zuhörer fühlen, ob sie interessiert sind oder unmotiviert, ob sie begeistert sind oder gelangweilt, ob sie den Inhalt verstanden haben oder ob sie eine Frage auf den Lippen haben. Sie beobachten die Zuschauer und können dadurch adäquat auf Ihr Publikum reagieren. Vortragende, die keinen Blickkontakt herstellen, laufen Gefahr, am Publikum »vorbeizupräsentieren«, indem sie die nonverbalen Signale der Zuhörerschaft nicht wahrnehmen.

Daher ist auch die häufig geäußerte Empfehlung, über die Köpfe der Zuschauer hinwegzuschauen, um dem Lampenfieber oder der Nervosität zu entgehen, nur von stark eingeschränkter Wirksamkeit. Zum einen nehmen Zuschauer es zumindest unterbewusst wahr, wenn Sie über ihre Köpfe hinwegpräsentieren und sie nie anschauen. Auch wenn Ihre Zuhörer dies nur in den seltensten Fällen explizit bemerken, so wird sich das subtile Gefühl einstellen, nicht voll wahrgenommen zu werden. Zum anderen werden Sie mit dem bereits beschriebenen Problem konfrontiert: Sie verlieren den Anschluss, Sie nutzen den optischen »Feedbackkanal« nicht und laufen Gefahr, die Erwartungen, Wünsche und Bedürfnisse Ihrer Zielgruppe aus den Augen zu verlieren.

Nicht nur während, sondern auch nach der Präsentation sollten Sie offen auf andere zugehen, lächeln und Blickkontakt halten. Das ist die beste Voraussetzung für einen offenen Dialog.

Tipp für Profis:

Lenken Sie die Aufmerksamkeit Ihrer Zuhörer durch Gestik und Sprache!

Viele Vortragende führen sich die Tatsache, dass Sie die Aufmerksamkeit des Publikums steuern können, nicht deutlich genug vor Augen. Die Möglichkeiten, auf die Aufmerksamkeit des Zuhörers Einfluss zu nehmen, sind sehr vielfältig. So wirken sich beispielsweise sprechtechnische Aspekte (wie die Sprechmelodie und die Lautstärke) sowie der Inhalt selbst, die gewählte Struktur und die Art und Weise, wie eine Präsentation animiert wird, darauf aus, wie aufmerksam das Publikum ist.

Unterstreichen Sie zudem Ihnen wichtige Aussagen mit deutlichen Gesten und verstärken Sie die Wirkung mit Kunstpausen. Politiker und Geschäftsführer größerer Unternehmen sind oft gute Vorbilder dafür. Pressekonferenzen und Bundestagsdebatten können Sie entweder live besuchen oder sie sich online und in öffentlich-rechtlichen Medien zu Gemüte führen. Sie können die Vorträge auch aufzeichnen und bewusst einzelne Gesten einstudieren, um sie später in Ihren Vorträgen nutzen zu können. Beachten Sie aber, dass Sie bei allem Training sich selbst treu bleiben.

Achten Sie genau auf das Zusammenspiel von Gesprochenem und nonverbal Ausgedrücktem. Trainieren Sie Ihren Vortrag und nutzen Sie passende Gesten. Obwohl manche Autoren behaupten, einzelne körpersprachliche Elemente könne man sich nicht durch Training aneignen, hat sich in Seminaren gezeigt, dass sich Gestik und Mimik nach einigen Übungsversuchen sehr wohl verbessern lassen. Und dabei wirken die Bewegungen, entgegen der landläufigen Meinung, gar nicht künstlich oder unnatürlich. Probieren Sie es also aus:

Legen Sie sich ein eigenes Repertoire an Ausdrücken und Bewegungen zu, das Sie ständig erweitern und trainieren.

Tipp für Einsteiger:

Nutzen Sie Ihre Hände für gezielte Körpersprache.

Am besten ist es, wenn Ihre Hände den Inhalt Ihres Vortrages natürlich unterstützen. Sie können die Hände einfach locker hängen lassen, angewinkelt ineinander legen und dann bei Gelegenheit eine natürliche Gestik entstehen lassen, indem Ihre Arme fließend das Gesagte unterstreichen.

Am besten denken Sie überhaupt nicht darüber nach, was Ihre Hände machen. Manche bevorzugen es, eine Hand nach oben zu nehmen. Das sieht nicht so schlaff aus, als wenn beide Arme nach unten hängen. Sie können sich diese Haltung dadurch erleichtern, indem Sie eine Stichwortkarte oder einen Stift in eine Hand nehmen. Bitte spielen Sie aber nicht mit dem Stift oder der Karte herum, sondern halten Sie diese einfach in Ihrer Hand. Verstecken Sie Ihre Hände nicht in Ihren Hosentaschen oder hinter dem Körper. Nicht gerne gesehen wird es, wenn Sie eine Hand in der Hosentasche verschwinden lassen. Diese legere Haltung sollte auf keinen Fall zum Dauerzustand werden.

Auch die »Freistoßstellung«, in der die Hände vor dem Körper gefaltet sind, kommt nicht gut an. Auch mit der »Oberstudienrat-Stellung«, in der der Referent beide Arme hinter dem Rücken faltet, werden Sie keine Pluspunkte sammeln. Sie erscheint oberlehrerhaft und wird Ihnen kaum den erwünschten Erfolg bringen.

Tipp für Fortgeschrittene:

Üben Sie, Blickkontakt aufzubauen.

Je aktiver Ihr Blickkontakt mit den Zuhörern ist, umso mehr sind die Zuhörer mit der Aufmerksamkeit bei Ihnen. Ihr Publikum merkt intuitiv, dass es Ihnen nicht egal ist, weil Sie es mit aufmerksamen Blicken bedenken. Beim Eiskunstlauf und beim Tanzen trainieren die Tänzer, über das Publikum zu schauen, um sich nicht ablenken zu lassen. Diese Art des Blickkontaktes ist für Vorträge und Präsentationen ungeeignet.

Doch wie kann man Blickkontakt üben? Suchen Sie sich anfangs ganz gezielt diejenigen Personen aus, die Ihnen freundlich gesinnt sind. Zustimmend nickende Personen vermitteln den Anschein von Dankbarkeit und loben Sie alleine durch ihre nonverbale Ausstrahlung. Diese Art von Aufmerksamkeit ist für jeden Redner am Anfang seines Vortrages Gold wert, zumindest solange, bis er ausreichend Selbstvertrauen aufgebaut hat, um auch hartgesottene Skeptiker von seinen Inhalten zu überzeugen.

Tipp für Fortgeschrittene:

Schauen Sie möglichst alle Zuschauer an und fixieren Sie sich nicht nur auf wenige.

Nach und nach sollten Sie dann alle Zuhörer gleichermaßen anblicken. Ein Blickkontakt wird von den meisten Zuschauern als angenehm empfunden, wenn niemand vernachlässigt wird und wenn der Blick etwa zwei bis fünf Sekunden bei einem einzelnen Zuschauer verweilt. Das heißt, dass Sie von ganz links bis ganz rechts alle gleich oft anschauen und dabei weder jemanden lange anstarren noch mit Ihrem Blick über die Zuschauer hetzen. Ersteres werden die anderen Zuschauer als eine Art Privileg auffassen, Letzteres als vollständige Unaufmerksamkeit.

Abschluss

Tipp für Fortgeschrittene:

Gestatten Sie zum Schluss Ihrer Fragerunde nochmals drei Fragen.

Ihre Zuschauer nehmen es Ihnen übel, wenn Sie Ihre Fragerunde abrupt beenden. Es zeugt von Interesse auf der Seite Ihrer Zuhörer, wenn Fragen zu Ihren Themen gestellt werden. Dafür sollten Sie dankbar sein und die Fragerunde nicht brüsk abbrechen.

Dagegen werden Sie auf Verständnis stoßen, wenn Sie das Ende der Fragerunde rechtzeitig ankündigen und im gleichen Atemzug die letzten drei Personen aufzählen, deren Fragen Sie noch beantworten werden. Achten Sie aber unbedingt darauf, dass Sie die Personen in der Reihenfolge nennen, in der sie sich gemeldet haben. So vermeiden Sie, als unfair bezeichnet zu werden. Wenn Sie die Möglichkeit haben, sollten Sie einen Assistenten damit beauftragen, eine Liste mit allen Wortmeldungen zu erstellen. So können Sie sich voll auf die Beantwortung der Fragen konzentrieren und Ihrem Assistenten die Bestimmung des nächsten Fragestellers überlassen.

Nachdem Sie die letzte Frage aus dem Publikum beantwortet haben, sollten Sie die Ergebnisse der Fragerunde beziehungsweise der Diskussion in eigenen Worten zusammenfassen.

Tipp für Profis:

Wählen Sie einprägsame Worte für den Abschluss.

Versuchen Sie Ihr Publikum mit dem letzten Satz zum Nachdenken oder zum Lachen zu bringen. Rufen Sie Emotionen beim Publikum hervor. Erlebnisse, die mit Emotionen verknüpft sind, bleiben im Gedächtnis. Sie können auf gemeinsame Erfahrungen oder Bedürfnisse eingehen. Oder Sie greifen ein Ereignis oder Erlebnis auf, das Sie vor der Veranstaltung gemeinsam geteilt haben. Wenn es beispielsweise vor dem Vortrag geregnet hat und sich gegen Ende wieder die Sonne zeigt, können Sie genau darauf eingehen und die sich einstellenden positiven Gefühle für Ihren Vortragsabschluss nutzen.

Auch können Sie die Erwartungen Ihrer Zuschauer aufgreifen und verstärken. Halten Sie beispielsweise einen Vortrag mit dem Titel »Microsoft Excel – die effizientesten Arbeitsmethoden«, so werden Sie noch mehr Wertschätzung ernten, wenn Sie am Abschluss ein kleines, brauchbares »Präsent« verteilen. In diesem Fall könnten Sie ein laminiertes »Cheatsheet« zusammenstellen, das alle wesentlichen Keyboard-Shortcuts und Tricks bereithält und locker in die Aktentasche passt. Mit diesem »Give-away« wird nicht nur Ihr Name und Firmenlogo transportiert, sondern auch ein Wert für die Zuschauer, der über die reine Präsentation und das Handout hinausgeht.

Tipp für Einsteiger:

Legen Sie vorher fest, ob Sie auch nach dem Abschluss Ihren Zuhörern noch zur Verfügung stehen.

Machen Sie sich bewusst, dass eine Präsentation auch nach dem offiziellen Abschluss noch nicht zu Ende ist. Es gibt immer wieder Zuhörer, die nach dem Vortrag noch Fragen haben. Für diese sollten Sie sich ausreichend Zeit nehmen. Wenn Sie den Zuhörern nicht mehr zur Verfügung stehen, werden sich die Zuhörer über Sie ärgern und selbst dann, wenn Sie eine hervorragende Präsentation gehalten haben, diese im Nachhinein abwerten.

Vorträge reifen erst mit der Kritik und Rückmeldung Ihrer Zuhörer. Sie selbst sind der beste Qualitätsmaßstab für Ihre Präsentation. Erkennen Sie also kritisches Feedback ebenfalls an und versuchen Sie, sich nicht sofort zu rechtfertigen. Probieren Sie neutral zu bleiben und sachlich auf negative Kritik zu reagieren. Auf persönliche Angriffe sollten Sie nicht eingehen. Versuchen Sie, die objektive Kritik herauszufiltern und proaktiv für zukünftige Vorträge zu verwenden. Bleiben Sie dabei aber grundsätzlich Ihrer Linie und Ihren Überzeugungen treu.

Ihnen selbst nützt die Zeit, die Sie sich nach der Präsentation nehmen, um mit Ihren Zuhörern in Kontakt zu kommen. So haben Sie Gelegenheit, Rückmeldungen über die Qualität und den Inhalt Ihrer Präsentation für zukünftige Vorträge zu verwenden und Ihr Netzwerk zu erweitern. Nehmen Sie daher stets ausreichend Visitenkarten und Zettel sowie Stifte mit, damit Kontaktdaten ausgetauscht werden können. Spätestens eine Woche danach sollten Sie die kennengelernten Personen das erste Mal kontaktieren, um von Ihrer Seite Interesse zu signalisieren.

Übungen

Aus meiner Erfahrung als Seminarleiter und Coach habe ich Ihnen einige Übungen zusammengestellt. Die Übungen sind als Hilfe zur Selbsthilfe gedacht. Einige davon können Sie leicht alleine durchführen, bei anderen werden Sie an Ihre Grenzen kommen. In letzterem Fall ist die Unterstützung durch einen professionellen Coach vielleicht sinnvoll.

Einleitung

In meinen Seminaren stelle ich individuelle Übungen zur Verbesserung der Rhetorik und Präsentationsweise zusammen. Bei der Auswahl der Übungen wird jeweils die Persönlichkeit der Teilnehmer berücksichtigt. Sowohl der quirlige Marketingmann, der kompetente Professor, die dynamische Geschäftsführerin, der zurückhaltende Controller und alle anderen bleiben sich selbst treu, legen aber trotzdem ungünstige Gewohnheiten ab.

Bei den Übungen wird jeweils nur ein einziger Aspekt trainiert. Die Übungen werden so lange durchgeführt, bis ein guter Punkt erreicht wird. Ähnlich wie beim Sport können mehrere Übungen notwendig sein, bis es richtig gut wirkt. Übung macht den Meister. Wenn jemand beispielsweise gar keine Körpersprache einsetzt und alle Zuschauer der Meinung sind, dass es zu statisch wirkt, dann kann eine Übung zum Thema Körpersprache viel bewirken.

Man kann diese Übungen auch als Extrem in die gegensätzliche Richtung durchführen. Zum Beispiel würde jemand mit sehr geringer Körpersprache gut daran tun, einmal sehr viel davon einzusetzen. Man übertreibt also bewusst, damit dann beim nächsten Mal wenigstens ein geringer Lerneffekt eintritt. Die Gefahr, dass sich das übertriebene Maß (zum Beispiel an Körpereinsatz) auch bei den nächsten Vorträgen fortsetzt, sehe ich als unbegründet. Schließlich sind es oftmals langjährige Gewohnheiten, die gebrochen werden müssen.

Probieren Sie die Übungen einfach einmal aus. Sie werden erstaunt sein, wie sich nach ein paar guten Trainingseinheiten Ihr Vortragsstil verändern wird.

Mehr Sicherheit und Gelassenheit

Mentaltraining

Profisportler bereiten sich auf Wettkämpfe durch mentales Training vor. Skifahrer fahren beispielsweise geistig die Strecke ab, die sie später tatsächlich bewältigen werden. Bobfahrer machen Ähnliches. Die Kunst im Mentaltraining liegt darin, gelassen und zuversichtlich mit den entstehenden Bildern zu spielen.

Zunächst können Sie selbst sich diese geistigen Bilder einfach vorstellen. Manchen fällt es leichter, wenn sie dabei die Augen schließen.

> Sehen Sie sich vor Ihrem geistigen Auge, wie Sie auf die Bühne gehen, sehen Sie das Publikum, wie es zu Ihnen hochschaut und wie alle applaudieren. Dann sehen Sie sich beim Vortragen. Machen Sie weiter mit den einzelnen Szenen, bis hin zum Abschluss. Applaus. Dann sehen Sie sich, wie Sie erfreut von der Bühne gehen.

Fällt Ihnen das leicht? Falls nicht, trainieren Sie es immer wieder. Falls ja, nutzen Sie Ihre Fähigkeit. Des Weiteren können Sie trainieren, wie Sie mit kritischen Situationen umgehen.

> Manchmal drängen sich solche Bilder auf. Zum Beispiel könnten Sie ein Bild bekommen, in dem alle gelangweilt dasitzen. Oder eines, in dem Sie einen kritischen Zuschauer eine abwertende Bemerkung dazwischenrufen hören. Dann können Sie trainieren, wie Sie damit umgehen werden. Spielen Sie mehrere Varianten durch, bis Sie sich richtig wohlfühlen.

Tipp für Einsteiger:
Versüßen Sie sich Wartezeiten durch Mentaltraining.

Das Mentaltraining können Sie an den unterschiedlichsten Orten durchführen. Immer wieder stoßen wir auf ungeplante Wartezeiten: zum Beispiel im Stau oder an einem Bahnhof. Genau in solchen Situationen können Sie Ihr Mentaltraining ausführen.

Die genaue Zeit

Wie im vorderen Teil des Buches beschrieben, fällt es vielen Rednern schwer, die Zeit genau im Blick zu haben. Und selbst wenn die Uhr in Sichtweite steht, heißt das noch lange nicht, dass Ihre Darbietung genau so lange dauert, wie Sie es geplant haben.

Für die zeitliche Genauigkeit hilft ein Training mit der Uhr. Nehmen Sie sich einen Teil der Präsentation oder des Vortrages vor und dann legen Sie einfach vorher eine Zeitspanne fest, wie lange dieser Teil dauern darf.

Tipp für Fortgeschrittene:

Optimieren Sie Ihr Zeitmanagement durch wiederholtes Training mit einzelnen Teilen.

Und dann trainieren Sie so lange und genau so wie in der Realität, bis Sie die Zeit hinbekommen. Dann wählen Sie eine neue Zeit für denselben Inhalt.

Das machen Sie so lange, bis Sie ein sicheres Zeitgefühl bekommen haben und Ihre Vorträge frei nach Belieben zeitlich dosieren können.

Durchsetzungskraft durch Stresstraining

Ein gutes Stresstraining ist, den Vortrag gegen einen laufenden Fernseher oder ein laufendes Radio zu halten. Je lauter Sie das Gerät stellen, umso mehr müssen Sie sich anstrengen, bei der Sache zu bleiben.

Tipp für Fortgeschrittene:

Erhöhen Sie Ihre Durchsetzungskraft durch das Training gegen den Radio- oder Fernsehsprecher.

Besonders ratsam ist diese Übung für Menschen, die zu zurückhaltend und introvertiert sind. Nach ein paar Minuten werden Sie diese Übung hassen. Falls Sie weitermachen, wird der Erfolg einsetzen.

Tipp für Profis:
Üben Sie mit der Stoppuhr.

Um ein besseres Zeitgefühl zu bekommen und sicherzugehen, im vorgegebenen Zeitrahmen zu bleiben, sollten Sie mit der Stoppuhr üben. So merken Sie frühzeitig, welche Inhalte wie lange dauern.

Empfehlenswert ist, dass Sie sich zunächst abschnittsweise Zeitbegrenzungen setzen und dann die Zeit messen, die Sie für den gesamten Vortrag benötigen.

Profis sollten in der Lage sein, einzelne Module des Vortrages zeitlich den Gegebenheiten anzupassen. Egal, ob Sie für einen Inhaltspunkt nur eine oder drei Minuten Zeit haben – Ihr Vortrag sollte genau darauf abgestimmt sein. Dies geht meistens nur durch viel Erfahrung und/oder Übung.

Tipp für Profis:
Machen Sie den Stresstest.

Wenn Sie wissen wollen, wie sicher und ablenkungsresistent Sie vortragen können, machen Sie eine Übung mit etwas Stress, indem Sie dabei Musik laufen lassen. Wenn Sie leichte Musik oder ein Audiobuch ablenkt, oder sogar zum Unterbrechen nötigt, sollten Sie so lange weiter trainieren, bis Ihr Vortrag wirklich flüssig und stabil funktioniert.

Sie können sich auch bewusst anderen Störgeräuschen aussetzen, indem Sie Ihren Vortrag vor geöffnetem Fenster üben. Versuchen Sie stets, vollkommen konzentriert zu bleiben und sich von jeglichen Stör- oder Ablenkungsgeräuschen nicht aus der Ruhe bringen zu lassen. Schließlich kann es auch während Ihres Vortrags passieren, dass kurzfristige Störungen Sie und Ihr Publikum ablenken könnten. Wenn Sie stabil weiter vortragen, wird sich die Störung meistens schnell erledigt haben und es läuft wieder glatt weiter.

Der Stresstest ist also nicht nur eine Prüfung Ihrer Vortragssicherheit, sondern auch eine realitätsnahe Simulation möglicher Vortragssituationen (beispielsweise Störgeräusche oder Störenfriede).

Tipp für Profis:

Führen Sie den »Kaltstart« am Morgen durch.

Ein weiterer guter Test, um herauszufinden, wie gut Sie wirklich vorbereitet sind, ist der »Kaltstarttest«. Wenn Sie planen, in den nächsten Tagen eine wahrhaft wichtige Präsentation zu halten, hilft Ihnen der sogenannte Kaltstarttest herauszufinden, wie gut das Vorzutragende tatsächlich in Ihrem Gehirn verankert ist. Ohne geistige Vorbereitung und ohne eine Überprüfung Ihrer Stimmlage sollten Sie besonders schwierige Teile Ihrer Präsentation direkt nach dem Aufstehen proben, noch bevor Sie ins Bad gehen. Bitte beachten Sie, dass dieser Tipp eine mögliche Nebenwirkung hat. Er könnte Ihre Beziehung gefährden, sofern er zu häufig durchgeführt wird.

Wenn Sie auch bei diesem Kaltstart eine gute Figur machen, können Sie sicher sein, gut vorbereitet zu sein.

Tipp für Fortgeschrittene:

Machen Sie den «Elevator-Test«.

Die Bezeichnung »Elevator Pitch« ist Ihnen vielleicht schon begegnet. Der »Elevator Pitch« ist eine 30- bis 60-sekündige Kurzvorstellung, die Ihre Idee auf den Punkt bringt.

Stellen Sie sich folgendes Szenario vor: Sie warten schon seit Wochen auf einen Termin mit dem Vorstandsvorsitzenden Ihres Konzerns und haben endlich einen Termin ergattert. Sie sind der Leiter der zehnköpfigen Marktforschungsabteilung Ihrer Firma und bekamen die Aufgabe zugewiesen, das Marktpotenzial in südostasiatischen Ländern zu analysieren. Der Vorstandsvorsitzende ist für seinen vollen Terminkalender und seine eiserne Disziplin bekannt, die er nicht nur von sich selbst, sondern auch seinen Mitarbeitern und Geschäftspartnern abverlangt.

Sie kommen pünktlich zu Ihrem Termin in die Hauptzentrale, da sehen Sie den Vorstand gerade an der Rezeption vorbeigehen und in den Aufzug einsteigen. Er weist Sie im Vorbeigehen darauf hin, dass der Termin leider kurzfristig abgesagt werden muss, weil etwas Wichtiges passiert ist. Er bittet Sie jedoch, ihn auf seinem Weg ins Büro zu begleiten und geht mit Ihnen Richtung Fahrstuhl. Jetzt haben Sie 30 bis 60 Sekunden Zeit, nämlich genau die Dauer, die es braucht, mit dem Fahrstuhl vom Erdgeschoss bis in den zehnten Stock zu fahren, um Ihre Idee auf den Punkt zu bringen.

Wenn Sie sich mental dem »Elevator-Test« unterziehen und Ihre Kernbotschaft in so kurzer Zeit formulieren können, können Sie sicher sein, dass Sie die wichtigste Frage beim Präsentieren »Was will ich überhaupt sagen?« mit Bravour beantwortet haben.

Der Vortrag in der Stadt

Eine Übung verschärfter Natur ist, einen Vortrag in der Fußgängerzone einer Stadt zu halten. Bereiten Sie einfach ein allgemeines Thema vor und stellen Sie sich dann an eine erhöhte Stelle in der Fußgängerzone und fangen an zu reden.

Hilfreich ist dabei, wenn Sie das Thema einer gemeinnützigen Organisation, einer Stiftung, eines Verbandes oder einer Bürgerinitiative auswählen und diese Organisation dadurch unterstützen. Wenn Sie zu den vielen Menschen gehören, die sich in Ihrer Freizeit gemeinnützig engagieren, tragen Sie die Idee Ihrer Organisation weit hinaus und üben gleichzeitig Ihre Rhetorik.

> **Tipp für Profis:**
>
> **Erhöhen Sie Ihre Selbstsicherheit durch Vorträge für eine gemeinnützige Einrichtung.**

Das Ziel könnte beispielsweise sein, Unterschriften oder Spendengelder zu sammeln. Manchmal kann die Aktion immaterielle Ziele umfassen, beispielsweise die Überzeugung der Anwesenden von Ihrer umweltpolitischen Sichtweise.

Für die meisten ist diese Übung leichter, wenn die ausgewählte Stadt vom Wohnort etwas entfernt ist. Dann erspart man sich die fragenden Blicke der Nachbarn.

So üben Sie die Planung

Ziel, Zielgruppe und Nutzen

Obwohl es wirklich auf der Hand liegt, sich vor der Beschäftigung mit den Inhalten zunächst Gedanken über Ziel, Zielgruppe und Nutzen zu machen, wird dies viel zu oft vernachlässigt oder zu oberflächlich abgehandelt.

Tipp für Einsteiger:

Definieren Sie Ziel, Zielgruppe und Nutzen testweise schriftlich.

Nehmen Sie ein Thema Ihrer Wahl und einen Block Papier. Beschreiben Sie die vier folgenden Punkte so ausführlich, dass ein Fremder eine Idee von Ihrem Vortrag oder Ihrer Präsentation bekommt, ohne dass Sie auf die Inhalte eingehen:

- Ausgangssituation,
- Ihr Ziel,
- Zielgruppe (und dazu Erwartungen, Vorwissen) sowie
- Nutzen für die Zielgruppe (Was hat Ihr Publikum davon, wenn es Ihnen zuhört?).

Übungen zur klaren Struktur

Der besondere Anfang

Wählen Sie ein Thema aus und gestalten Sie dazu schriftlich mindestens drei verschiedene Anfänge. Kurze Stichpunkte reichen in diesem Fall aus.

Tipp für Fortgeschrittene:
Probieren Sie im Training besonders ausgefallene Anfänge aus.

Den allerersten Satz sollten Sie ausformulieren und mehrfach sprechen. Dann bekommen Sie ein Gefühl dafür, ob Sie sich damit wohlfühlen. Schreiben Sie die Endversion, auf die Sie zuletzt gekommen sind, auf. So konservieren Sie sich einen guten Anfang. Wenn dieser im Vortrag die gewünschte Wirkung entfaltet, können Sie ihn auch für andere Präsentationen nutzen.

Klare Statements geben

Eine wichtige Fähigkeit ist, kurze, klare und konkrete Statements zu offenen Fragen (Fragen, auf die man nicht mit »Ja« oder »Nein« antworten kann) geben zu können. Sie können diese Fähigkeit alleine oder mit einer anderen Person zusammen üben. Hier ein paar Beispielfragen, die Sie mit Ihren eigenen offenen Fragen ergänzen sollten:

- Was waren die wichtigsten Stationen in Ihrem Leben?
- Was gefällt Ihnen am besten in Deutschland?
- Wo spielt die Rhetorik eine wichtige Rolle?
- In welchen Situationen möchten Sie gerne mehr Reden oder Präsentationen halten?
- Worauf achten Sie bei Ihren zukünftigen Reden und Präsentationen?

Tipp für Fortgeschrittene:

Trainieren Sie das Abgeben von Statements bei einem Spaziergang mit Ihrer Partnerin oder Ihrem Partner.

Während eines Spaziergangs zweier Personen stellt die eine Person der anderen eine offene Frage, die im Kompetenzbereich der zweiten liegt. Letztere sollte es nun als Training sehen, auf die gestellte Frage eine präzise, kurze und vollständige Antwort zu geben.

Seit einiger Zeit kombiniere ich diese Übung auch im Seminar meistens mit einem Spaziergang. Dann geht es noch leichter.

Strukturelle Sicherheit mit dem 3-Satz beziehungsweise 5-Satz

Den 3-Satz (plus Einleitung und Schlusssatz = 5-Satz) müssen Sie nicht nur kennen, sondern sollten ihn gut beherrschen. Er hilft Ihnen sowohl bei Präsentationen als auch bei jeder Art von Kommunikation, bei der es darum geht, Ihre Argumentation logisch sauber aufzubauen. Hierfür ist etwas Übung notwendig und sinnvoll.

Tipp für Einsteiger:

Trainieren Sie die Satzstruktur zuerst mit vertrauten und später mit neuen Themen.

Vorgehensweise:

- Wählen Sie ein vertrautes Thema aus.
- Gehen Sie die Strukturen nach und nach durch und achten Sie darauf, dass Sie die einzelnen Bausteine einhalten.
- Steigern Sie den Schwierigkeitsgrad, indem Sie neue Themenbereiche auswählen, in denen Sie sich noch nicht so gut auskennen.
- Tragen Sie einer anderen Person einen kurzen Vortrag vor. Die andere Person sagt Ihnen anschließend, welche Struktur Sie verwendet haben.
  Zur Wiederholung und einfachen Handhabung der Übung hier nochmals der Aufbau des 3-Satzes (beziehungsweise 5-Satzes mit Einleitung und Schluss):

1			Einleitung		
2	Ist	Tatsache	Meinung	Anlass	Vergangenheit
3	Ziel	Ursache	Begründung	Ziel	Gegenwart
4	Weg	Folgerung	Beispiele	Appell	Zukunft
5			Schluss		

Post-its für Beispielvortrag

Generieren Sie für ein Beispielthema alle Inhaltspunkte, die Ihnen spontan einfallen. Als Beispielthema bietet sich etwas an, dass Sie sowieso bewegt und worüber Sie sowieso gerne mit anderen diskutieren. Also beispielsweise politische Themen oder ein Thema aus dem beruflichen Bereich.

Tipp für Einsteiger:
Generieren Sie zunächst alle Post-its, dann bringen Sie sie in eine sinnvolle Struktur.

Der Schlusssatz

Gute Reden enden mit einem bedeutsamen Schlusssatz. Diese Schlusssätze sind aber nicht spontan, sondern genau geplant.

Tipp für Einsteiger:
Erstellen Sie eine kleine Fundgrube von bedeutsamen Schlusssätzen für Ihre Themenbereiche.

Redegewandtheit trainieren

Angefangene Sätze zu Ende bringen

Das Ziel dieser Übung ist, dass Sie schnell und elegant einen Satz zu Ende bringen können, ohne länger nachdenken zu müssen.

Trainieren Sie diese Übung so lange, bis Sie sich sicher fühlen. Durch die gesteigerte Sicherheit vermindern Sie die Wahrscheinlichkeit eines Blackouts.

Tipp für Einsteiger:

Trainieren Sie mit einem Gesprächspartner das Sätze-Ping-Pong.

Dabei fängt einer einen Satz an und der andere muss ihn schnell und folgerichtig zu Ende bringen. Achten Sie am Anfang auf sinnvolle Inhalte und steigern Sie die Geschwindigkeit erst dann, wenn Sie sich sicher fühlen.

Hier finden Sie einige angefangene Sätze für Ihr spontanes Training jetzt:

- Das Wichtigste beim Präsentieren ist …
- Bei meiner nächsten Rede achte ich auf …
- Loben werde ich als Nächstes …
- Wir haben immer noch keine Wasserstoffautos, weil …
- Die schönsten Urlaubsorte kann man daran erkennen, …
- Zum Thema Wirtschaft fällt mir ein, dass …
- Keine Präsentation darf …
- Die meisten Zuschauer …
- Kinder mögen am …
- Vorstände sind …
- Neue Mitarbeiter haben …
- Viele bekannte Schauspieler wussten nicht, dass …
- Auf einem Kreuzfahrtschiff …

Spontane Reden mit vorgegebenen Wörtern

Bei der nächsten Übung geht es darum, dass Sie einen Kurzvortrag mit vorgegebenen Wörtern halten. Die Wörter jeweils einer Zeile bilden die Grundlage für einen Vortrag. In der ersten Schwierigkeitsstufe ist die Übung erfolgreich durchgeführt, wenn die Wörter in der Geschichte vorkommen. Im höheren Schwierigkeitsgrad muss zudem die Reihenfolge eingehalten werden.

Trainingswörter:
- Hund – Rasen – Fußball
- Kind – Lautsprecher – Bank
- Mutter – Entspannung – Hängematte
- Handschuh – Bürgermeister – Swimmingpool
- Violine – Schuh – Hund
- Stein – Kaffeetasse – Sand
- Italien – Indonesien – Sommerurlaub
- Ski – Vorstand – Entlassung
- Gugelhupf – Tastatur – Internet
- Greenpeace – Wiedervereinigung – Bundeskanzlerin
- Schneefall – Koks – Hängeregister
- Dateimanagement – Kindergarten – Entwicklungshilfe
- Innovationsmanagement – Wasserstoff – Bodensee

Tipp für Fortgeschrittene:

Trainieren Sie die spontane Rede mit drei bis fünf vorgegebenen Wörtern mit einem Trainingspartner auf einer langen Autofahrt.

Hin und wieder gibt es lange Autofahrten mit Kollegen, Mitarbeitern, Familienmitgliedern. Diese können Sie für eine solche Übung nutzen. Macht Spaß, trainiert die Rhetorik und verkürzt längere Reisezeiten.

Mit fünf Wörtern:
- Spielzeug – Entlassung – Brille – aufessen – Fernglas
- Autoreifen – Villa – zinsfrei – Glas – Wörgl
- Zinsfrei – Regionalwährung – Silbergeld – Sprungbrett – frei
- Bier – hurtig – Teamolympiade – glücklich – Sonnenanbeter
- Papst – Schlagzeug – Känguru – Wackelpudding – Management

Stegreifrede

Nach den letzten Übungen haben Sie bereits gutes Rüstzeug für eine Stegreif-rede. Die Stegreifrede ist für die meisten eine sehr große Herausforderung. Sie werden spontan gebeten, sich zu einem Thema zu äußern. Schlimmstenfalls ist ein hochrangiges Publikum anwesend und Sie können weder »Nein« sagen noch dürfen Sie sich einen Patzer erlauben. Da kann einem das Blut in den Adern gefrieren, während man gleichzeitig ins Schwitzen gerät. Störende Gedanken kommen in den Sinn und man hat Lust auf alles andere, als jetzt eine spontane und auch noch gute Rede zu halten.

Die Rahmenbedingungen für die Stegreifrede sind:

- Anlass,
- Thema,
- Zielgruppe,
- Ziel und
- Länge.

Die Situation ist immer ähnlich. Sie sind unvorbereitet und eine Person bittet Sie darum, gleich etwas zu dem Thema XY zu sagen. Und genauso ist die Übung aufgebaut. Schauen Sie sich die erste Spalte an. Überlegen Sie 15 Sekunden – und dann geht es los.

Anlass	Thema	Zielgruppe	Ihr Ziel	Länge
Betriebs-feier	Die Firma kurz vorstellen	Besucher, potenzielle Kooperationspartner	Kompetenten Eindruck hinterlassen, Interesse wecken	3 Minuten
Vereinsfeier	Förderwunsch vortragen	EU-Fördertopf-Verwalter	Förderungsantrag darf eingereicht werden	5 Minuten
Preisver-leihung	Dankesrede	Gremium, Vorstand, Publikum	Für Innovationspreis bedanken	7 Minuten

Je öfter Sie spontane Reden trainieren, umso sicherer werden Sie. Wenn Sie ein wenig freie Zeit zum Üben investieren möchten, können Sie Ihre Autofahrten gut zum Trainieren verwenden. Wählen Sie eine Struktur (beispielsweise Ist-Ziel-Weg) aus und üben Sie dann mit verschiedenen Themen. Am Anfang ist es völlig in Ordnung, wenn der Inhalt nicht bis in alle Feinheiten sinnvoll ist: Hauptsache die Struktur stimmt und Sie kommen in den Redefluss. Auf sinnvolle Inhalte achten Sie dann nach einer Weile und schließen die Übungen erst ab, wenn Sie die Inhalte in einer guten Geschwindigkeit strukturiert vortragen können.

Tipp für Profis:
Trainieren Sie regelmäßig Stegreifreden und nutzen Sie dafür die Elemente aus der 5-Satz-Technik.

Ausdruck und Stil verbessern

Körpersprache

Körpersprache läuft in der Regel unbewusst ab, gewährt aber dem Publikum einen Blick auf Ihre tatsächliche Einstellung durch viele kleine, Ihnen unbewusste Botschaften. Wenn Sie mit ernster Miene sagen: »Ich bin sehr erfreut!«, dann wird man es Ihnen kaum glauben.

Manche Menschen haben völlig verlernt, ihren Worten durch Gestik und Mimik Ausdruck zu verleihen. Das können Sie durch eine ganz einfache Übung leicht wieder trainieren. Bei dieser Übung wird die Körpersprache verstärkt eingesetzt. Beschreiben Sie jedes Detail mit Ihren Händen. Bei Ihrem Trainingspartner muss ein ganz klares Bild entstehen.

Tipp für Fortgeschrittene:

Steigern Sie Ihre Körpersprache durch die Beschreibung Ihrer Wohnung.

Als Thema bietet sich einerseits eine Landschaftsbeschreibung oder die Beschreibung der Innenräume Ihrer Wohnung oder Ihres Hauses an. Starten Sie an der Haustür und dann beschreiben Sie die Zimmer so deutlich, dass der Gesprächspartner eine Skizze davon erstellen könnte.

Fernseh- und Radiotraining

Manche Menschen tragen sehr eintönig vor. Die Zuhörer langweilen sich nicht wegen der Inhalte, sondern wegen der Darstellungsweise. Dazu sollten Sie die Bandbreite Ihrer Stimme ausbauen und trainieren. Eine sehr einfache, aber wirkungsvolle Übung ist, die Profis im Radio oder Fernsehen einfach nachzuahmen. Achten Sie genau auf Wortwahl, Betonung und Satzbau.

Tipp für Einsteiger:

Adaptieren Sie die Sprechweise der Fernseh- oder Radioprofis.

Das gelingt Ihnen am leichtesten, wenn Sie eine unterhaltsame Sendung oder einen interessanten Film aussuchen und dann Kopfhörer aufsetzen. Wenn Sie eher langweilig vortragen, suchen Sie sich am besten einen Verkaufssender mit diesen übertrieben emotionalen Begeisterungsausbrüchen. Das macht richtig Spaß. Haben Sie keine Angst, Sie werden vermutlich niemals so vortragen. Aber zum Training ist es wirklich äußerst hilfreich.

Lautstärke im Freien trainieren

Manche Menschen haben einfach wenig Stimmvolumen oder trauen sich nicht, lauter zu sprechen. In diesem Fall hilft ein kurzes Training auf einer freien Wiese, mit einem gewissen Abstand zur Zivilisation.

Tipp für Fortgeschrittene:

Überwinden Sie Redehemmungen durch ein Outdoortraining.

Und dann wird einfach munter ein kurzer Vortrag gehalten. Das Thema spielt dabei keine große Rolle. Für leise Personen ist diese Übung bereits nach wenigen Minuten anstrengend. Jetzt heißt es durchhalten, ohne heiser zu werden. Es geht nicht darum, dass Sie schreien, sondern dass Sie mit Ihrer Aufmerksamkeit voll bei der anderen (wenn auch fiktiven) Person sind. Sie werden den Unterschied nach einer Weile feststellen.

Abstimmung Vortrag und Folie

Manchen Vortragenden passiert es, dass das, was sie sagen, nicht mit der Folie korrespondiert. Das ist dann für die Zuschauer zeitweise sehr verwirrend, bisweilen aber auch ziemlich lustig. Meistens erhält man aber nicht den Hinweis: »Auf der Folie steht aber etwas ganz anderes!«, sondern erntet nur verwirrte Blicke. Hier hat das Training zwei Stufen. In der ersten Stufe muss Ihnen dies zunächst einmal richtig bewusst werden. Das können Sie am leichtesten durch eine Videoaufnahme realisieren, in der Sie hauptsächlich oder ausschließlich Folien filmen und natürlich Ihren gesprochenen Text mit aufnehmen.

Je öfter Sie sich auf Videos sehen, umso mehr gewöhnen Sie sich an die »fremde« Stimme und Ihre Erscheinung auf dem Bildschirm.

Tipp für Fortgeschrittene:
Erhöhen Sie die Selbstwahrnehmung durch gezielte Aufnahmen.

Dann schauen Sie sich die Videoaufnahmen an und machen so viele Durchgänge, bis Ihr Text mit den gezeigten Inhalten gut korrespondiert. In etlichen Fällen müssen dabei die ganze Präsentation oder einige Folien neu konzipiert werden.

Witze erzählen

Ob jemand in der Lage ist, spannende Vorträge zu halten, können Sie leicht beim Erzählen von Witzen feststellen. Die Fähigkeit, Witze zu erzählen, hängt eng mit der Rhetorik und Präsentation zusammen. Witze sind Kurzvorträge mit einem definierten Höhepunkt. Wenn Sie ein guter Redner werden wollen, kommen Sie um das Erzählen von Witzen nicht herum.

Tipp für Fortgeschrittene:
Trainieren Sie den Spannungsbogen durch Witze.

Sprechtechnik verfeinern

Bogensätze

Bogensätze ohne fremde Hilfe zu trainieren ist nach meiner Erfahrung recht schwer. Und zwar deshalb, weil die gewohnte Sprechweise umtrainiert wird. Das Ziel der Bogensätze ist, dass Sie jedes »Ähm« automatisch vermeiden und den Vortrag mit gezielten Pausen würzen. Der Hauptunterschied zu den »Girlandensätzen« liegt darin, dass Sie am Satzende die Stimme senken. Und dies fällt vielen am Anfang schwer.

Als unterstützende Maßnahme können Sie selbsterfüllende Prophezeiungen (Affirmationen) auf Karteikarten schreiben und sich diese von Zeit zu Zeit vorlesen.

Tipp für Fortgeschrittene:
Nutzen Sie Affirmationen, um Bogensätze zu verinnerlichen.

Beispielsweise könnten die Affirmationen lauten:

- Ich gönne mir und dem Publikum Pausen!
- Ich kann am Satzende die Stimme senken!
- Am Ende einer Sinneinheit senke ich normalerweise die Stimme!

Modulation

In der Linguistik versteht man unter Modulation die »Gestaltung der Sprache«, welche sich aus den drei Faktoren Geschwindigkeit, Lautstärke und Tonhöhe zusammensetzt. Sie können jeden der drei Bestandteile variieren und somit mehr Farbe in Ihre Sprache bringen. Wichtig beim Üben ist, dass Sie immer nur einen Faktor verändern und nicht alle drei gleichzeitig. Also beginnen

Sie mit der Geschwindigkeit und verändern diese, bis Sie sich sehr flexibel darin fühlen. Von g a n z   l a n g s a m   bis sehr *schnell*. Wenn Sie die Übung mit einer anderen Person machen, kann diese eine Art »Regler« anzeigen und Sie müssen dann dementsprechend einen Vortrag halten. Und zwar so lange, bis Ihr »Coach« zufrieden ist.

Tipp für Fortgeschrittene:

Trainieren Sie alle drei Bestandteile der Modulation separat.

Das gleiche Verfahren können Sie dann für Lautstärke und Tonhöhe anwenden. Manches wird Ihnen leicht fallen und an manchen Punkten werden Sie bestimmt zu knabbern haben.

Aussprache und Betonung

Die gesamte Modulation können Sie meiner Meinung nach am besten mit dem Vortragen von Gedichten trainieren. Bei einem Gedicht können Sie durch die Betonung einzelner Wörter ein und derselben Zeile jeweils eine ganz andere Bedeutung verleihen.

Tipp für Fortgeschrittene:

Optimieren Sie die Modulation mithilfe von Gedichten, Liedern und Geschichten.

Die zweite Möglichkeit ist das Vorlesen von Geschichten. Am besten eignen sich dazu Gute-Nacht-Geschichten für Kinder. Kinder sind sehr dankbar, wenn sie spannende Geschichten vorgelesen bekommen. Ich kann mich noch gut an das Feedback erinnern, das mir ein Personalleiter gab, nachdem er das mit seiner fünfjährigen Tochter ausprobiert hatte. »An den spannenden Stellen, die ich auch besonders betont habe, bekam sie dann riesige Augen, sodass ich kaum noch weiterlesen konnte! Das hat super funktioniert!«

Die dritte Möglichkeit, die Modulation zu trainieren, ist das Singen von Liedern. »Ich kann aber nicht singen!« werden Sie jetzt vielleicht sagen. Macht nichts! Gerade dann, wenn Sie der Meinung sind, Sie könnten nicht oder nur sehr schlecht singen, ist das Training für Sie von Vorteil. Singen Sie einfach zuerst im Auto, wo es keiner hört. Singen ist außerdem gut für das Gemüt. Die Varianz in der Stimme wird sich dann automatisch verbessern.

Deutliche Aussprache

Sagt man Ihnen gelegentlich (oder sogar oft), dass man Sie nicht verstanden hat? Erhalten Sie viele Nachfragen mit der Begründung: »Ich habe Sie akustisch nicht verstanden!« Möchten Sie deutlicher sprechen? Dann ist das beste Training, dass Sie für die nächsten vier Wochen jeden Tag zehn Minuten flüstern.

Tipp für Einsteiger:
Üben Sie die deutliche Aussprache durch ein Flüstertraining.

Beim Flüstern bewegt man die Lippen ganz akkurat und achtet besonders auf eine deutliche Aussprache, weil man ja so leise wie möglich spricht, aber trotzdem verstanden werden möchte.

Übung für Schnellsprecher

Sagt man Ihnen manchmal, dass Sie zu schnell sprechen? Das Feedback »Sie sprechen so schnell!« ist oftmals der vereinfachte Ausdruck dafür, wenn jemand Ihre verwendeten Wörter nicht versteht. Das klingt jetzt komisch, ist aber wirklich so. Denn alleine schnelles Sprechen bedeutet normalerweise keine Schwierigkeit für die Zuhörer, wenn die Inhalte leicht verständlich sind.

Tipp für Einsteiger:
Überprüfen Sie Ihre Sprechgeschwindigkeit und den Schwierigkeitsgrad Ihres Vortrages.

Wenn Sie die Sprechgeschwindigkeit reduzieren möchten, hilft neben der Übung, die unter »Modulation« beschrieben ist, auch noch die Übung, den Text mit Satzeichen vorzutragen. Sie sprechen also »Punkt«, »Komma«, »Fragezeichen«, »Ausrufungszeichen«, »Gedankenstrich« und andere Satzzeichen mit. Das klingt wie ein Diktat und führt automatisch dazu, dass Sie langsamer sprechen.

Wenn Sie feststellen, dass Ihre Ausdrucksweise zu kompliziert ist, dann gibt es eine sehr hilfreiche und lehrreiche Übung. Schnappen Sie sich ein Kind, einen Jugendlichen oder einen Rentner und tragen Sie dieser Person die Inhalte Ihres Vortrages vor. Sie werden schnell feststellen, wie das Ihr Denken und Sprechen verändern wird.

Zungenbrecher

Und zu guter Letzt natürlich die Zungenbrecher, die natürlich nicht fehlen dürfen. Hier eine Zusammenstellung, die nicht nur dem Sprechtraining dient, sondern vielleicht auch zur Erheiterung beitragen kann. Viel Spaß damit.

Fischers Fritze fischt frische Fische.
Frische Fische fischt Fischers Fritze.

Der Whisky-Mixer mixt den Whisky mit dem Whisky-Mixer.

Blaukraut bleibt Blaukraut, und Brautkleid bleibt Brautkleid.

Zwischen zwei Zwetschgenzweigen saßen zwei zwitschernde Schwalben, zwitschernde Schwalben saßen zwischen zwei Zwetschgenzweigen.

Im dichten Fichtendickicht nicken dicke Finken tüchtig,
dicke Finken nicken im dichten Fichtendickicht tüchtig.

Zwei zischende Schlangen schlichen zwischen zwei spitzen Steinen hindurch, zwischen zwei spitzen Steinen schlichen zwei zischende Schlangen hindurch.

Der putzige Cottbusser Postkutscher putzt den Postkutschenkasten,
den Postkutschenkasten putzt der putzige Cottbusser Postkutscher.

Bald blüht breitblättriger Wegerich, breitblättriger Wegerich blüht bald.

Esel essen Nesseln gern, Nesseln essen Esel gern.

Checklisten

Checkliste: Fragen vor der Präsentation

Folgende Fragen sollten Sie sich vor der Präsentation stellen. Die wichtigsten Punkte sind Anlass, Ihre Ziele, die Besonderheiten der Zielgruppe und der Nutzen für die Zielgruppe, der durch Ihre Präsentation entsteht.

Anlass

Wer oder was veranlasste den Vortrag/die Präsentation?

Welche Vorgeschichte hat der Vortrag/die Präsentation?

Wer hatte die Idee für den Vortrag/die Präsentation?

Welche Aussagen gibt es zum Thema? (Interviews, Umfragen, Berichte, Erfahrungen)

Wie sind die Rahmenbedingungen? (Ort, was passiert vorher beziehungsweise nachher)

Wie viel Zeit steht für Ihren Vortrag/Ihre Präsentation zur Verfügung?

Was geschieht unmittelbar vor Ihrem Vortrag/Ihrer Präsentation?

Was ist für die Zeit nach Ihrem Vortrag/Ihrer Präsentation geplant?

Wie werden die Zuhörer eingeladen?

Ihre Ziele als Vortragender
Welche Ziele verfolgen Sie mit dem Vortrag/der Präsentation?

....

Was soll am Ende erreicht sein?

....

Wodurch wird Ihr Erfolg messbar?

....

Was ist das übergeordnete Ziel, für das Sie mit dem Vortrag ein Etappenziel erzielen wollen?

....

Zielgruppe
Was zeichnet die Zielgruppe aus?

....

Kommen die Zuhörer freiwillig?

....

Welche Erwartungen hat das Publikum?

....

Welche Vorerfahrungen, welches Vorwissen haben die Zuhörer?

....

Wie stehen die Zuhörer zum Thema? Sind sie skeptisch, erwartungsvoll, ängstlich, freudig gespannt, genervt, misstrauisch?

....

Wie stehen die Zuhörer zu Ihrer Person?
a) Haben sie Respekt, Vertrauen, Achtung?

....

b) Oder hegen sie Zweifel oder gar Argwohn gegenüber Ihnen?

....

Kennen die Zuhörer Sie persönlich?

....

Welche Positionen haben die Zuhörer? (Kunde, Vorgesetzter, Kollege …)

....

Wie viel Zeit bringen die Zuhörer mit?

....

Werden die Zuhörer eher passiv sein?

....

Dürften viele Fragen und Einwände aufkommen?

....

Sind mögliche Fragen und Einwände voraussichtlich eher konstruktiv
formuliert?

....

Oder können Sie damit rechnen, auch persönlich angegriffen zu werden?

....

Kommen und gehen alle Zuhörer gleichzeitig?

Nutzen für die Zuhörer
Was bringt es den Zuhörern, wenn sie Ihren Vortrag hören?

....

Wo können die Zuhörer diese Informationen im täglichen Leben
verwenden?

....

Was ist für die Zuhörer vermutlich am wichtigsten?

....

Was ist unwichtig für die Zielgruppe? Was können Sie weglassen?

....

Checkliste: Die Wahl der Medien

Medienauswahl   **Ja/Nein**

Entspricht die Wirkung der Medien der Zielsetzung?
Abhilfe: ○ ○
....

Passen die Medien zu den Rahmenbedingungen?
Abhilfe: ○ ○
....

Entsprechen die Medien den Erwartungen der Zielgruppe?
Abhilfe: ○ ○
....

Ist die Organisation/Erstellung in der Vorbereitungszeit realisierbar?
Abhilfe: ○ ○
....

Reicht das Budget für den Medieneinsatz aus?
Abhilfe: ○ ○
....

Ist die technische Ausstattung vorhanden?
Abhilfe: ○ ○
....

Können Sie professionell mit den Medien umgehen?
Abhilfe: ○ ○
....

Ist Ersatz für defektes technisches Equipment vorhanden?
Abhilfe: ○ ○
....

Sind Verlängerungskabel und Mehrfachsteckdosen vorhanden?
Abhilfe: ○ ○
....

Wurden alle Medien im Voraus getestet?
Abhilfe: ○ ○
....

Ist eine Fernsteuerung für die Folienübergänge sinnvoll und vorhanden?
Abhilfe: ○ ○
....

Checkliste: Foliengestaltung

Pro Folie nur eine Hauptaussage. ○

Anschauliche Folien, die eher wie Plakate statt wie Wandzeitungen aussehen. ○

Die Anzahl der Informationen pro Folie ist auf das Wesentliche reduziert. ○

Es wurden Stichwörter anstelle von ganzen Sätzen verwendet. ○

Sofort erfassbare Visualisierungen sind überall wo möglich verwendet. ○

Gute Kontraste. Gut lesbare Schrift. ○

Ausreichende Schriftgröße, je nach Größe des Raumes und Projekti-onsfläche (mindestens 18 Punkt). ○

KEINE TEXTE IN GROSSBUCHSTABEN. DIESE SIND NICHT SO GUT LESBAR wie normale Schrift. ○

Harmonische Farben entsprechend den Vorgaben des eigenen Unternehmens (Corporate Design). ○

Textmenge, die auf einmal erscheint, lenkt nicht vom Vortrag ab, sondern unterstützt diesen. ○

Animationen unterstützen den Vortrag und lenken nicht ab. ○

Bilder, Visualisierungen und Filme bieten Lebendigkeit. ○

Checkliste: Inhaltliche Vorbereitung

Ihre Ziele mit dem Vortrag sind klar, realistisch und außerdem schriftlich notiert. ○

Die Erwartungen und Besonderheiten der Zielgruppe sind Ihnen klar. ○

Der Vortrag ist darauf ausgerichtet. ○

Der Nutzen für die Zielgruppe ist ausreichend und schriftlich definiert. ○

Sie verfügen über einen guten Anfang. Die ersten Sätze haben Sie auswendig gelernt und können diese sicher vortragen. ○

Sie haben sich den Abschluss Ihres Vortrages und die exakte Formulierung genau überlegt und diese auch auswendig gelernt. ○

Schwierige Übergänge haben Sie ausreichend trainiert, bis diese sicher funktionierten. ○

Die Aussprache schwieriger Wörter funktioniert reibungslos. ○

Die Namen von wichtigen Personen können Sie auswendig sagen. ○

Die Technik haben Sie vorher überprüft (Beamer, Flipchartpapier, Mikrofonanlage sowie weiteres Equipment). ○

Die Unterlagen wurden von Ihnen auf Vollständigkeit überprüft (nichts vergessen?). ○

Sie haben sich mit dem Vortragsraum vorher vertraut gemacht. ○

Sie haben eine Generalprobe in Echtzeit (mindestens einmal) durchgeführt. ○

Checkliste Einladungsschreiben

Stimmen die ausgewählten Adressen? ○

Passt der Zeitpunkt? ○

Veranstalter und Rückfragemöglichkeit klar? ○

Anfahrtskizze und sonstige Anfahrtmöglichkeiten vorhanden? ○

Erreichbarkeit während Präsentation (Telefonnummer, Fax) angegeben? ○

Ist das Rahmenprogramm geklärt? ○

Freizeitmöglichkeiten – falls erwünscht und sinnvoll – aufgeführt? ○

Kleidungsempfehlung – falls erforderlich – für Veranstaltung und Rah-menprogramm angegeben? ○

Hinweis auf Teilnehmerunterlagen vorhanden? ○

Aufforderung zur Bestätigung der Einladung (mit Termin) vorhanden? ○

Checkliste: Raumplanung und Service

Bei der Planung/vor der Auswahl des Raumes	**Ja/Nein**
Gute Erreichbarkeit für Teilnehmer.	○ ○
Die Größe des Raumes ist optimal.	○ ○
Menge und Anordnung der Stühle ist definiert, Ersatzstühle stehen zur Verfügung.	○ ○
Mit Lichtschaltern, Vorhängen und anderem Equipment vertraut gemacht.	○ ○
Akustik getestet.	○ ○
Technische Ausstattung abgestimmt.	○ ○
Sichergestellt, dass es keine Störgeräusche gibt.	○ ○
Raum bietet freundliche Atmosphäre.	○ ○
Gutes Preis-/Leistungsverhältnis.	○ ○
Gute Sicht von allen Plätzen gewährleistet.	○ ○
Kabelanschlüsse, Steckdosen überprüft.	○ ○
Hinweisschilder, Wegweiser abgesprochen.	○ ○
Garderobe vorhanden, besetzt und gut erreichbar.	○ ○
Technischer Ansprechpartner ggf. mit Telefonnummer bei Fragen und technischen Problemen.	○ ○

Rechtzeitig vor der Veranstaltung   Ja/Nein

Medien und technische Ausstattung getestet.   O   O

Hinweisschilder, Wegweiser vorhanden.   O   O

Eigenen Standort aus Sicht für Zuschauer getestet (Können mich alle sehen?)   O   O

Blick auf Medien für Zuschauer getestet.   O   O

Regelung der Raumtemperatur überprüft (Zuständigen erfragt).   O   O

Versorgung mit Pausengetränken organisiert (Störung werden vermieden).   O   O

Getränke, Essen, Gebäck, Obst vorhanden.   O   O

Personal für Garderobe anwesend.   O   O

Checkliste: Direkt vor Ihrem Vortrag

- Planen Sie Pufferzeit für die Anreise ein.

- Prüfen Sie rechtzeitig die Technik.

- Ordnen Sie Ihre Unterlagen.

- Booten Sie den Computer an die richtige Stelle und lassen Sie den Computer im Standby-Modus.

- Gehen Sie den Anfang nochmals mental durch.

- Machen Sie sich mit dem Raum vertraut.

- Stellen Sie sich als mentales Training vor, wie Sie diese Präsentation bereits erfolgreich absolviert haben.

- Bei Lampenfieber: Atmen Sie langsam und ruhig (vier Sekunden durch die Nase ein, zehn Sekunden durch den Mund aus).

- Wenn Sie alles erledigt haben, beschäftigen Sie sich mit anderen Aktivitäten.

Checkliste: Situationen bleiben im Gedächtnis, wenn …

- … Emotionen im Spiel sind.

- … es einen berührt.

- … man selbst etwas damit zu tun hat.

- … Bewegung vorhanden ist.

- … etwas Unerwartetes passiert.

- … etwas passiert, was Veränderung im Leben bewirkt.

- … eine Gewohnheit gebrochen wird.

- … eine Wahrheit endlich zum Vorschein kommt.

- … etwas außergewöhnlich ist.

- … etwas unglaublich ist.

- … etwas neu ist.

Checkliste: Wichtig für meine Vorträge, Reden und Präsentationen ist ...

Checkliste: Nachbereitung und Qualitätssicherung

Überprüfen   **Ja/Nein**

Ziel erreicht?
Gelernt/noch erledigen: ○   ○
....

Kam Vortrag gut an?
Gelernt/noch erledigen: ○   ○
....

Anfang gelungen?
Gelernt/noch erledigen: ○   ○
....

Ende gelungen?
Gelernt/noch erledigen: ○   ○
....

Erwartungen der Zuhörer erfüllt?
Gelernt/noch erledigen: ○   ○
....

Ohne Hänger durchgekommen?
Gelernt/noch erledigen: ○   ○
....

Konnten mich alle gut verstehen?
Gelernt/noch erledigen: ○   ○
....

Wurden alle schwierigen Wörter erläutert?
Gelernt/noch erledigen: ○   ○
....

Namen auswendig gewusst?
Gelernt/noch erledigen: ○   ○
....

Fragen beantwortet?
Gelernt/noch erledigen: ○   ○
....

Hat die Technik problemlos funktioniert?
Gelernt/noch erledigen: ○   ○
....

Überprüfen	**Ja/Nein**

Waren die Unterlagen vollständig?
Gelernt/noch erledigen: ○ ○
....

Bin ich mit meiner Leistung zufrieden?
Gelernt/noch erledigen: ○ ○
....

Mache ich beim nächsten Mal etwas anders?
Gelernt/noch erledigen: ○ ○
....

Literaturverzeichnis

Bischoff, Irena: Körpersprache und Gestik trainieren. Auftreten in beruflichen Situationen. Ein Arbeitshandbuch. Weinheim und Basel: Beltz, 2007

Bredemeier, Karsten: Provokante Rhetorik? Schlagfertigkeit! München: Wilhelm Goldmann, 2000

Buzan, Tony/Buzan, Barry: Das Mind-Map-Buch: Die beste Methode zur Steigerung ihres geistigen Potenzials. Landberg am Lech: mvg, 2005

Cialdini, Robert B.: Die Psychologie des Überzeugens: Ein Lehrbuch für alle, die ihren Mitmenschen und sich selbst auf die Schliche kommen wollen. Bern; Göttingen; Toronto; Seattle: Huber, 2002

DeBono, Edward: DeBonos neue Denkschule: kreativer denken, effektiver arbeiten, mehr erreichen. Landsberg am Lech: mvg, 2002

Ebeling, Peter: Reden ohne Lampenfieber. Landsberg am Lech: moderne industrie, 13. Auflage 1975

Ebeling, Peter: Rhetorikhandbuch, Frei reden, sicher vortragen. Stuttgart: Deutscher Sparkassenverlag, 4. Auflag 1999

Etrillard, Stephane: Spitzengespräche. Faire Kommunikation durch gekonnte Gesprächsführung. Paderborn: Junfermann, 2003

Heigl, Peter: Sicher reden. PLS Rhetorikkurs. Bremen: PLS, 1991

Heigl, Peter: 30 Minuten für gute Rhetorik. Offenbach/M.: Gabal, 2009

Hierhold, Emil: Sicher präsentieren – wirksamer vortragen. Wien/Frankfurt: Ueberreuter 1998

Kürsteiner, Peter: Mehr merken mit Mnemotechnik. Frankfurt/Wien: Redline Wirtschaft bei Ueberreuter, 1999

Kürsteiner, Peter: Notebook- und Beamerpräsentationen. Power-Tipps für Sie und Ihren Auftritt. Frankfurt/Wien: Redline Wirtschaft bei Ueberreuter, 2. Auflage 2002

Kürsteiner, Peter: Reden, vortragen, überzeugen. Weinheim und Basel: Beltz, 1999

Minto, Barbara: Das Prinzip Pyramide: Ideen klar, verständlich und erfolgreich kommunizieren. München: Pearson Studium, 2005

Schild, Thorsten und Kürsteiner, Peter: 100 Tipps &Tricks für Overhead- und Beamerpräsentationen. Weinheim und Basel: Beltz, 2003

Schneider, Wolf: Deutsch für Profis. Wege zu gutem Stil. Hamburg: Gruner + Jahr , 2001

Schulz von Thun, Friedemann: Miteinander reden 1. Störungen und Klärungen. Hamburg: Rowohlt, 2002

Textor, A. M.: Sag es treffender. Ein Handbuch mit über 57.000 Verweisen auf sinnverwandte Wörter und Ausdrücke für den täglichen Gebrauch. Hamburg: Rowohlt, 2003

Weidenmann, Bernd: 100 Tipps & Tricks für Pinnwand und Flipchart. Weinheim und Basel: Beltz, 2008